WOLFGANG HÖRSTER

Steingärten

Richtig anlegen,
bepflanzen, pflegen

BLV GARTEN- UND BLUMENPRAXIS

BLV

Die Deutsche Bibliothek –
CIP-Einheitsaufnahme

Hörster, Wolfgang:
Steingärten: richtig anlegen, bepflanzen, pflegen / Wolfgang Hörster. – 6., durchges. Aufl., (Neuausg.). – München ; Wien ; Zürich : BLV, 1997
(BLV Garten- und Blumenpraxis)
ISBN 3-405-15217-8
NE: GT

Bildnachweis

Fotos vom Autor, außer:
Apel 100, 101
Flora-Bild 7, 44, 47
Seidl 20, 40, 42, 49, 51, 62, 102, 104

Umschlagfoto vorn: Hans Reinhard
Rückseite: Wolfgang Hörster

Grafiken: Christine Stüber

6., durchgesehene Auflage
(Neuausgabe)

BLV Verlagsgesellschaft mbH
München Wien Zürich
80797 München

BLV Garten- und Blumenpraxis

Einbandgestaltung: Studio Schübel, München

Gesamtherstellung: R. Oldenbourg, München

Gedruckt auf chlorfrei gebleichtem Papier

Printed in Germany · ISBN 3-405-15217-8

Inhalt

Vorwort

Je mehr die sogenannte Zivilisation und der immer schneller voranschreitende technische Fortschritt mit seinen Umweltproblemen Menschen in seinen Bann schlägt, desto stärker wächst der Wunsch, diese Fesseln zu sprengen oder mindestens zu lockern. Wir wollen arbeiten um zu leben, wir wollen festhalten, was wir als lebenswert empfinden. Wir wollen eine eigene Welt schaffen in der engeren Nachbarschaft der verbleibenden Natur, in ihr und mit ihr, weil wir doch zu ihr gehören.

Betrachten wir den grauen öden Boden unserer kleinen Terrasse, keine Schale bringt uns einen Blumengruß. Unser Garten, was könnte man aus ihm alles machen. Wieviele beneiden uns um diese Möglichkeit, ein kleines Paradies zu schaffen und nicht nur einen Fußballplatz für die Kinder. Müssen wir, die wir auch nur über den kleinsten Garten verfügen, dieses nicht als Verpflichtung sehen uns selbst, der Familie gegenüber und allen Nachbarn?

Freuen wir uns darüber, das Hobby »Garten« ist in Europa längst auf Platz 1, und die Entwicklung ist weiter positiv. Anstöße kommen von überall.

Ein richtiger Garten ist eine Welt für sich. Vielleicht verstehen wir es, viele unserer Vorstellungen und Wünsche in der Gestaltung unseres Gartens zu berücksichtigen, alles von uns empfundene Schöne und Erhabene mit einzubringen. Dies sollte sogar der Leitfaden sein für den Auf- oder Ausbau unseres Gartens, dem wir uns nun mit allen unseren Kräften widmen wollen. Wir, das sind wir alle, die ganze Familie, Eltern wie Kinder. Wir wollen doch Gemeinsamkeiten, Erlebnisse, die uns glücklich machen, uns Freude bringen.

Holen wir die Natur in unseren Garten. Lernen wir, den schönsten Gebirgspflanzen der ganzen Welt die Voraussetzungen zu schaffen, in unserem Garten zu leben, sich in ihrer ganzen Schönheit zu entwickeln. Eine für viele Gartenfreunde völlig neuartige Gartengestaltung verbindet sich ja ganz zwangsläufig mit

Frühlingszauber im Steingarten mit Blaukissen, Steinkraut, Narzissen, Gemswurz.

diesem Ziel, für die Ansiedlung solcher Pflanzen einen eigenen Gartenteil zu schaffen, den Steingarten. Viele Gartenfreunde kennen ja bereits einige dieser Pflanzen, vielleicht die Blaukissen, die Aubrietien. Sie stammen aus den Gebirgen des östlichen Mittelmeeres und des Balkans. Mit ihren Gartenzüchtungen zählen Aubrietien zweifellos zu den attraktivsten Pflanzen für den Steingarten. Gleich zum Frühlingsanfang sind die Polster der Aubrietien überdeckt mit Blüten im schönsten leuchtend hell- und dunkelviolett bis zum lavendelblau. Ausgesprochene Höhepunkte im Frühlingssteingarten ergeben sich im Zusammenwirken dieser blauen Blütenpracht und den strahlend gelben Blüten verschiedener Arten von *Alyssum,* dem Steinkraut, das ebenfalls bereits vielen Gartenfreunden bekannt sein dürfte.

Unser neuer Steingarten soll uns aber nicht nur im Frühling erfreuen, sondern möglichst das gesamte Gartenjahr hindurch. Die außergewöhnlich große Gruppe der gartenwürdigen Gebirgspflanzen und deren Arten geben uns alle Voraussetzungen, dieses Ziel optimal zu erreichen.

Einführung

Bezüglich der Lebensdauer der Gebirgspflanzen unterscheiden wir zwischen den **einjährigen** und **zweijährigen Pflanzen** und dem Großteil der **mehrjährigen Pflanzen,** den Stauden, die mit unterirdischen Wurzeln, Rhizomen, Zwiebeln, Knollen, Bulben oder auch mit festen, immergrünen Polstern mehrere Winter überstehen. Eine weitere Unterscheidung ergibt sich aus dem Grad der Verholzung; es gibt

- krautige, unverholzte Pflanzen,
- nur am Grunde verholzte Halbsträucher und
- ganz verholzte Zwergsträucher und Bäume.

Bergwiese in den Dolomiten.

Neben den einjährigen Gebirgspflanzen, die für den Steingarten anfangs noch nicht in Frage kommen, haben wir es bei den Zweijährigen in erster Linie um Bewohner von Geröllböden und Geröllhalden zu tun. Durch das schnelle Abfließen des Wassers fühlen sich diese typischen Geröllsiedler besonders wohl. Um hier nur einige dieser Kleinode zu nennen: *Linaria alpina,* das Alpenleinkraut, mit seinen nur 5–10 cm hohen Blütenstengeln, den bezaubernden leuchtend violetten Blütenkronen, die im wunderschönen Kontrast zu den orangegelben Gaumen stehen. Ein besonders attraktiver Bewohner der Geröllhalde ist der Alpenmohn, *Papaver burseri (P. alpinum).* Wie edle Seide wirken die aufgehenden gelben, gelbweißen, weißen bis orangefarbigen Blütenschalen, die von 5–15 cm hohen, dunkel behaarten Stengelchen getragen werden. Oft wird der Alpenmohn durch herabfließendes Schmelzwasser ins Tal geschwemmt. So wundert es uns nicht, diesen eigentlichen Kalkgeröllbewohner, der sich meist in Höhen von 2000–2500 m ansiedelt, auch in den im Sommer ausgetrockneten Bach- oder Flußbetten, also im Tiefland, anzutreffen.
Ähnlich verhält es sich oft auch bei den Mehrjährigen, also der großen Hauptgruppe der Wildstauden. Den blaugrünen Steinbrech, *Saxifraga caesia,* mit seinen dichten Polstern finden wir in der Regel in Felsspal-

ten und auf Schotterbänken in Höhen von 1500–3000 m. Soweit er ähnliche physikalische Verhältnisse vorfindet, also kalkhaltigen feuchten Felsschutt auf absonnig-kühlem Standort, ohne die Einengung durch andere Gewächse, gedeiht er auch im Tiefland an Wegrändern oder an Flußufern in Höhen von 400 m aufwärts.

Ein weiteres Beispiel ist die gewöhnliche Küchenschelle, *Pulsatilla vulgaris,* mit ihren hellvioletten, zottig behaarten Kronblättern. Sie gedeiht sowohl an steinigen Hängen, auf Heidewiesen wie auch auf im Tiefland und in unter Naturschutz stehenden Auen.

Daraus kann man ersehen, daß es durchaus möglich ist, auch anspruchsvolle Gebirgspflanzen in Steingärten niedrigster Höhe, etwa im Rhein-Main-Gebiet und in Norddeutschland, mit Erfolg anzusiedeln. Anders verhält es sich mit den ausgesprochen Hochalpinen, deren Anzucht wir den erfahrenen Besitzern eines Alpinums überlassen wollen. Ohne beachtliche Kenntnisse über diese Blumenkinder des Lichtes, die in extremer Lage oft am Rande höchstgelegener Gletscher ihre zarten, leuchtenden Blüten in den kurzen Perioden zwischen Schnee und Sonne entwickeln, sollten wir uns erst dem Möglichen zuwenden, von der untersten Sprosse der Liebhaberleiter an.

Die weit überwiegende Zahl der Wildstauden gedeiht sowohl in

Linaria alpina, Alpenleinkraut

kalkhaltigen als auch in kalkarmen Böden. Wir bezeichnen diese Gruppen deshalb als indifferente Stauden, Steingartenpflanzen oder Gebirgsstauden. Unterscheiden müssen wir aber zwischen den Pflanzen, die auf Urgestein leben, also auf Schiefer, Gneis, Quarz, Granit in den Zentralalpen, sowie den Bewohnern der kalkhaltigen Böden, also der Kalkalpen.

Die kalkfliehenden Pflanzen bevorzugen einen Boden, der auf jeden Fall weit unter einem pH-Wert von 7,0 liegt. Die kalkliebenden bevorzugen einen pH-Wert von 7,5 Säuregehalt, den man mit Hilfe eines Pehameters ermitteln kann. Zur Entschärfung dieses sogenannten Problems darf hier bereits gesagt werden, daß man mit geeigneten Erdmischungen, die im nächsten Kapitel behandelt werden, praktisch dem Anspruch jeder Gebirgspflanze weitestgehend entgegen kommt.

Einführung

Papaver rhaeticum, Rhaetischer Mohn

Wer einen Trog, einen Steingarten oder gar ein Alpinum anlegen will, sollte möglichst einmal im Mittelgebirge oder noch besser im Hochgebirge gewesen sein. Am Wachstumsort unserer Lieblinge begreifen wir oft erst die richtige Bedeutung, die zum Beispiel eine Geröllhalde, Felsritze oder Matte hat. Und am schönsten ist es natürlich, diesen im Bergfrühling unendlich großen Garten Gottes vor sich liegen zu sehen mit seinen Millionen und Abermillionen schönster Bergblumen. Weit leuchten die purpurroten Blüten von *Rhododendron hirsutum.* In der Krummholzkiefer erkennen wir die blauen Blüten der Alpenrebe, *Clematis alpina.* Am Wegesrand in luftiger Höhe zittern die kleinen blauen Glöckchen der *Campanula cochleariifolia* im leichten Bergwind. Über einem Felsen hat die Silberwurz, *Dryas octopetala,* eine riesige Decke mit weißen, schalenförmigen Blüten gezogen. Überall entdeckt man herrliche Felsgruppen, das beste Anschauungsmaterial für den Bau unseres Steingartens. Vergessen wir natürlich nicht das Erlebnis der Begegnung mit einem besonders schönen Exemplar eines Edelweiß, *Leontopodium alpinum,* wolligen Alpensternen, deren tatsächliche Blütchen von braunen Schuppen umgeben sind und wie kleine Kronen wirken. Im Steingarten gehört der beste Platz diesem Kleinod. Wunderschön sind die gelben und roten Blüten der Bergprimel und die interessanten blauen Blütenformen der Teufelskralle, *Phyteuma orbiculare.* Hinter einem Fels steht wie eine Königin *Lilium martagon,* die Türkenbundlilie, zwischen einer Gruppe von *Geum reptans,* der Gletschernelkenwurz, leuchten uns die weinroten Blüten der *Saxifraga oppositifolia,* dem Roten Steinbrech, entgegen und überall das einmalig schöne Blau der verschiedensten Enziane.
Wunderschön ist diese Vielfalt der strahlenden Alpenblumen, dieser zarten Gebilde auf Weiden und Matten, inmitten von Stein und Fels, vor Millionen von Jahren entstanden. Auch die durch Sonne und Wind und sich rasch ändernden Witterungseinflüssen ausgeblichenen, rindenlos gewordene Baumleichen, beispielsweise einer Kiefer, sind eine für unser Auge äußerst dankbare Kulisse.
Diese hochinteressanten Szenen

der unberührten, freien Wildbahn müssen wir uns besonders tief einprägen. Bieten sie uns doch willkommene Ansätze für den Bau unseres Steingartens, dessen Gesamtcharakter keineswegs einem gradlinigen Beet sondern einem Stück geordneter Wildnis entsprechen soll. Würden wir alles Wachstum der Natur überlassen, hieße es, wertvollsten Garten der Verwahrlosung preiszugeben. Uns aber geht es um die Zielsetzung, in unserem im Tiefland liegenden Garten Pflanzen der höher gelegenen Gebirgszonen verschiedener Länder anzusiedeln. Beim Aufbau unseres neuen Gartenteils ist die Natur unsere beste Lehrmeisterin. Voraussetzung ist, daß wir lernen wollen, daß jede Pflanze ein individueller Teil der Schöpfung ist, der wir mit größtem Respekt zu begegnen haben, und die wir nur mit viel Liebe und entsprechendem Einfühlungsvermögen zu ihrer wahren Schönheit verhelfen können.

Steingärten und alpine Anlagen gibt es schon seit dem 19. Jahrhundert. Überall im Osten und Westen, im Süden wie im Norden wächst das Interesse für diese äußerst vielseitige und damit auch in vielerlei Beziehung anregende, den Naturfreund erfüllende Gartenleidenschaft. Allen voran die Engländer, die Schotten, aber auch die Amerikaner sind derzeit die eifrigsten und ehrgeizigsten auf diesem Gebiet. Mit unendlicher Geduld und Liebe,

Pulsatilla vulgaris, Gewöhnliche Kuhschelle

aber auch mit entsprechenden Kenntnissen über die Bedürfnisse und Herkunft der Pflanze werden unter anderem auch einzelne Arten in Trögen oder Tontöpfen zu wahren Prachtexemplaren herangezogen. Der schönste Lohn offenbart sich dann in der offiziellen Anerkennung innerhalb der sehr bedeutenden Liebhabergesellschaften, wie **»Alpine Garden Society«** oder **»The Scottish Rock Garden Club«** (Adressen S. 126). In der Bundesrepublik empfiehlt sich die **Gesellschaft der Staudenfreunde e. V.,** Meisenweg 1, 65795 Hattersheim. Für den Leser sind die vierteljährlich erscheinenden Mitteilungen auch zum Thema Steingarten sowie der alljährlich stattfindende Samentausch von besonderem Interesse. Auch wenn Sie selbst noch keine Samen zum Tausch anbieten können, ist es Ihnen möglich, Ihre Wünsche zu erfüllen.

Vorplanung

Viel haben wir jetzt zu bedenken, die unterschiedlichsten Möglichkeiten gilt es zu untersuchen und Lösungen zu finden. In erster Linie ist zu überlegen, welche Form des Steingartens für den Garten geeignet ist, ob wir Platz für einen natürlichen Steingarten haben, ob ein Terrassenbeet oder auch nur ein kleiner Trog bepflanzt werden soll.

Der natürliche Steingarten
An erster Stelle unserer Wunschliste steht der natürliche Steingarten. Das heißt, wir wollen für unsere Gebirgspflanzen naturnahe Standorte mit entsprechenden Abgrenzungen und Hintergrundpflanzungen schaffen, soweit dies die Grundstücksgröße zuläßt. Inmitten von Wohngegenden gelegene Grundstücke sollten zumindest zum Osten bis Südosten, also für die Morgensonne, geöffnet sein, weil das Licht für unsere Steingartenpflanzen von ganz entscheidender Bedeutung ist.
Entgegen der Ansicht vieler Gartenfreunde kann man bei guten Lichtverhältnissen auch auf kleinsten Grundstücken Steingärten anlegen. In derartigen Fällen empfiehlt es sich dringend, die gesamte Anlage nur mit einem Steinmaterial zu gestalten; die Wege sind in dieses Prinzip mit einzubeziehen. Das Pflanzenmaterial sollte eine Wuchshöhe von 30 cm nicht überschreiten mit Ausnahme der Pflanzen, die wir für den Hintergrund vorgesehen haben. Auch der Aufbau des Steingartens sollte sich in seiner Größe und den Erhebungen der Umgebung anpassen. Ausnahme ist hier der Findling, der alleinstehende Fels, dessen Ausdruckskraft den gewünschten Wildnischarakter verbürgt ohne aufdringlich zu wirken.
Die Hintergrundbepflanzung sollte hauptsächlich aus Bergkiefern bestehen. Wir verwenden dafür *Pinus mugo* ssp. *mugo,* eine mehr breit als hoch wachsende Krummholzkiefer (Höhe 2 m). Der Abstand zwischen den Kiefern sollte wenigstens 3 m betragen, da wir auch zwischen den Kiefern geeignete Stauden pflanzen wollen.

Trockenmauern, Terrassenbeete
Für Grundstücke, die durch Gebäudeteile, Mauern und angrenzende Nachbarhäuser stark eingeengt sind, ist die Anlage eines natürlichen Steingartens nicht zu empfehlen. In derartigen Fällen gilt es, aus den verschiedenen gradlinigen Flächen, Mauern, Treppen und den durch Aushub entstandenen kleinen Hängen verschiedenartige Pflanzidylle zu gestalten, deren Vielfalt von ganz besonderem Liebreiz sein kann. Das Angebot der Steingartenpflanzen umfaßt ja nicht nur lichthungrige sondern ebenso Halbschatten und vollen Schatten liebende Stauden.

Tröge und Balkone
Auch für Balkonbesitzer gibt es etliche Möglichkeiten, die Schönheit

Steingarten-Idyll mit *Gentiana acaulis, Morisia monanthos, Papaver*, Pulsatillen, verschiedenen Nelken und Saxifragen. Der Boden ist durchsetzt mit Kies und Schotter.

der Gebirgspflanzen zu erleben. Speziell für Dachgärten gibt es heute die schönsten Tröge, die sich aus Beton-Fertigbauteilen bequem zusammenfügen lassen. Auch Eternitkästen und -schalen oder einfache Balkonkästen sowie kleinere Tröge bieten dem Naturfreund alle Voraussetzungen für naturnahe Bepflanzungen bis zur höchsten Vollendung.

Das Werkzeug

Was man an Mitteln braucht, wenn man bestimmte Arbeiten durchführen möchte, merkt man meist erst dann, wenn sie nicht zur Verfügung stehen. Gutes Werkzeug, das man wirklich benötigt, ist die unbedingte Voraussetzung für ein erfolgreiches und freudiges Arbeiten.
Jeder Gartenfreund ist ja schon im Besitz eines Spatens. Sicher ist es nur wenigen bekannt, daß Spezialhersteller bis zu 15 verschiedene Spaten für alle Zwecke anbieten. Empfehlenswert ist nach wie vor der uns allen bekannte klassische Spaten in der extrem leichten oder schweren Ausführung mit dem D- oder T-Griffstiel. Zum Ausgraben von Stauden aber auch zum Umgraben ist auch die sogenannte Spaten- oder Grabgabel von besonderem Vorteil.

Werkzeug für die Praxis.

Speziell für den Steingarten verwendet man auch einen Pionierspaten mit einer Stiellänge von 1 m.
Harke oder Rechen in verschiedenen Breiten sind ebenso wichtig. Ein vielverwendbares Werkzeug ist der 4zinkige Dunghaken, der uns nach dem Umgraben die Erdschollen zerkleinern hilft, damit wir anschließend mit der Harke eine gleichmäßig gekörnte Erdoberschicht erzielen können. Unbedingt brauchen wir das große Durchwurfsieb mit Gestell und einer Bespannung mit Stahlgitter, Größe etwa 70 × 100 cm. Bei kleinerem Arbeitsumfang, besonders für die Aussaat, benötigen wir ein rundes Erdsieb mit Buchenholzrand. Ohne Schubkarren geht es fast nicht.
Was uns weiter fehlt, ist eine Heugabel, Stahlhacken in mindestens zwei Breiten, Rasen- oder Laubbesen, Kreuzhacke, Fäustel- bzw. Vorschlaghammer, Rübenkratzer (sehr wichtig) mit einer Kralle, Pflanzholz, Handschaufel, Stecher aus Ganzmetall, Gartenschere, große und kleine Gießkanne, Arbeitshandschuhe, Stecketiketten, Etikettenstift (z. B. edding 400 permament), Pehameter zur Bestimmung des Bodensäuregrades, Spritzgerät, Gartenschlauch bzw. Regner.
Falls Sie nur einige Tröge bepflanzen wollen, erübrigt sich naturgemäß die Anschaffung der meisten Werkzeuge, da Sie ja weitgehendst improvisieren können. Eine kleine Schaufel und ein Sieb genügen.

Betrachten Sie das Thema »Boden« keinesfalls als schwieriges oder unüberwindbares Hindernis sondern als Herausforderung. Was wir wissen müssen, sind die Unterschiede zwischen der Bodenqualität Ihres Gartens und seinen klimatischen Verhältnissen einerseits und den Erd-, Licht- und Klima-Ansprüchen der von Ihnen für Ihren Steingarten bevorzugten Gebirgspflanzen andererseits.

Die Bodenbeschaffenheit

Das Problem der Bodenbeschaffenheit schwächt sich schon durch die Tatsache ab, daß sich die einschlägigen Gärtnereien in der Regel nur mit der Anzucht von relativ anspruchslosen Wildstauden befassen. Wenn wir uns also die Wachstumsbedingungen der Steingartenpflanzen an ihrem eigentlichen Standort vor Augen führen, dürfte es uns nicht schwerfallen, die eigentlichen Voraussetzungen für das Gedeihen unserer Lieblinge in unserem neuen Steingarten zu ergründen und die nötigen Konsequenzen zu ziehen.
Der größte Anteil der für den Aufbau unserer Anlage benötigten Erde kommt aus dem eigenen Gartengrund. Dieser kann völlig unterschiedliche Merkmale haben: Sand, Lehm, Humus, Moor, Ton, kalkhaltiger oder kalkfreier Boden. Wir müssen unseren Boden also erst einmal untersuchen oder Erdproben untersuchen lassen.
Wichtig ist die Feststellung des pH-Werts = Bodensäuregrad, den wir mit dem **Pehameter** selbst bestimmen können. Eine Bodenuntersuchung können Sie aber auch bei allen botanischen Gärten oder landwirtschaftlichen Instituten durchführen lassen.
Ganz grob gesagt, unterscheiden wir zwischen

- den basischen kalkhaltigen Böden der **Kalkalpen,**
- den mehr oder weniger neutralen Böden der **Schiefergebirge** und
- den kalkarmen bis sauren Böden der **Urgesteingebirge** und der **Moore.**

Welcher Boden ist richtig?

Kalkliebende Pflanzen benötigen einen pH-Wert von 7,5 und einen durchlässigen aber auch wasserhaltenden Boden. Haben wir also einen kalkhaltigen Boden, dann brauchen wir unsere Erde lediglich mit scharfem Flußsand und Torf zu mischen, um die gewünschte Dränage = Wasserdurchlässigkeit zu erzielen.
Für **Geröllsiedler** bringen wir auf diese Erdmischung von 1/2 Humus, 1/4 Flußsand, 1/4 Torf eine Geröllschicht von 10–15 cm, damit das Wasser schnell abfließen kann. Diese Geröllschicht erzielen wir durch Flußkies der Stärke 2–8 mm.

Der Boden

Physoplexis comosa, Teufelskralle

Doronicum clusii, Zottige Gemswurz

Wenn Sie einen kalkfreien Gartenboden haben, ist es für die erfolgreiche Anpflanzung kalkliebender Pflanzen empfehlenswert, Düngekalk zu verabreichen. Am einfachsten ist es, den beizufügenden Humus mit Düngekalk anzureichern. 1 m^3 Humus sind 2–3 kg Kalk beizumischen. Vermeiden Sie es aber unbedingt, größere Mengen Kalk zu verwenden. Eine größere Kalkmenge würde Ihren Pflanzen nicht allzugut bekommen.

Für **Pflanzen der neutralen Schiefergebirge,** die durchaus kalkverträglich sind, erhöht man den Torfanteil auf $^1/_3$, in sehr lufttrockenen Gegenden auf $^1/_2$. Eine Beimischung von Sphagnum ist sehr vorteilhaft als wasserhaltende Kraft.

Die Erfahrung lehrt, daß man den kalkliebenden Pflanzen auf natürlichen, kalkhaltigen Böden auch einen höheren Anteil von Torf mit Erfolg zumuten kann. Hieraus ziehen wir den Schluß, daß wir der größeren Gruppe, den kalkliebenden Pflanzen, soweit sie keine Fels- oder Geröllsiedler sind, die gleiche Erdmischung geben können wie den Bewohnern neutraler Böden, die wir als indifferente Pflanzen bezeichnen.

Wer kalkhaltigen Boden hat und eine Pflanzstätte für **Urgesteinsbewohner,** also kalkfliehende Pflanzen anlegen will, verwende eine mindestens 30–40 cm hohe Erdschicht der Mischung $^1/_4$ Humus, $^1/_2$ dunkler Torf, $^1/_4$ Quarzsand. Derartige Beete sind überhöht anzulegen, damit das Kalkwasser der angrenzenden Beete keinen Schaden anrichtet.

Bei lehmigen oder stark tonhaltigen Böden ist der Sandanteil zu erhöhen.

Für den Auf- und Ausbau unseres Steingartens benötigen wir einen dauernden, also stets griffbereiten, Vorrat allen Materials, aus dem wir die Bodenansprüche unserer Lieblinge so optimal wie möglich befriedigen können.
Das Erdlager soll möglichst im Schatten liegen, während man Sand, Schotter, Kies, Torf und Steine an jeder beliebigen Stelle lagern kann.
Die Quantität richtet sich nach der Größe der geplanten Anlage und nicht zuletzt nach der Beschaffenheit des eigenen Gartenbodens. Haben wir einen ausgesprochenen Sandboden, benötigen wir weniger Sand, dafür aber möglichst tonigen Lehm oder abgelagerte Rasenerde. Bei schweren Tonböden brauchen wir auf 1 m^2 Boden 1 Schubkarren scharfen Flußsand und 1 Schubkarren 2–8 mm Kies, um den Untergrund durchlässiger machen zu können. Da wir zum Aufbau der Anlage (Erdhügel) Grunderde benötigen, besorgen wir uns von einer Baustelle »Humuserde« in gewünschter Menge. Für den Baubeginn ist es immer vorteilhaft, etwas zu viel zu haben als umgekehrt.
Kompost Er ist das wichtigste Pflanzensubstrat für die Steingartenpflanzen und sollte möglichst 3 Jahre alt beziehungsweise genügend verrottet sein. Er sollte frei sein von Wurzelunkräutern und Düngemitteln aller Art, wenn wir die Kontrolle über die Nährstoffansprüche der Alpenpflanzen nicht verlieren wollen. Komposterde können wir auch durch alte verwitterte Rasenerde ersetzen, die man durch übereinander geschichtete Rasenziegel (Rasennarbe nach unten geschichtet) bei mehrfachem Umsetzen nach 2–3 Jahren gewinnt.
Lauberde Sie ist für viele Pflanzen, wie z. B. das Alpenveilchen, ein sehr förderndes Substrat.
Heide- und Moorerde Hierunter verstehen wir die verrotteten Reste von Heidekräutern, Wurzelstücken, Moosen, Gräsern. Nach entsprechender Ablagerung verwenden wir diese zu dunkelbrauner Erde gewonnene Substanz als Beimischung bei der Pflanzung von Heidepflanzen, Seidelbast, Rhododendren u. a.
Torf Ein vielseitiges Angebot steht uns hier zur Verfügung. Der überwiegende Teil der Hersteller unterstützt den Gartenfreund durch fachliche Hinweise.
Sand Der Sand gehört zu den wichtigsten Voraussetzungen für ein gutes Gedeihen unserer Pflanzen. Wir benötigen einen scharfen **Flußsand,** um die notwendige Wasserdurchlässigkeit des Bodens zu erwirken. Für kalkfreie Pflanzflächen brauchen wir **Quarzsand,** den Sie von Baustoffgroßhandlungen oder vom Gartencenter beziehen können. Empfehlenswert ist die Verwendung der größten Körnungen. In den Gebieten mit kalkfreiem Grund verwenden wir den am Ort erhältlichen kalkfreien Sand.

Das Steinmaterial

Wer das Hochgebirge kennt und sich auf stillen Wanderwegen bis in Gletschernähe wagt, kennt die vielen Felsenidylle, die lebendigen Anschauungsunterricht für den Bau eines Steingartens bieten. Soweit nur die Absicht besteht, eine relativ kleine Fläche für einen Steingarten vorzusehen, begnügen wir uns mit den Mitbringseln (Steine) aus dem Urlaub in den Bergen oder den gesammelten schönen Einzelexemplaren (Felsbrocken), die für die Gestaltung einzelner Idylle besonders geeignet erscheinen. Das gleiche gilt für den Balkonkasten und die Tröge, die man mit Hilfe von flachgeschliffenen Kieselsteinen aus Bächen und Flüssen in Verbindung mit Wurzelstücken zu zünftigen Hochgebirgspflanzungen gestalten kann. Für den natürlichen Steingarten brauchen wir jedoch ein einheitliches Steinmaterial, um eine optimale Gesamtwirkung erzielen zu können. Soweit uns reine Kalksteine, Kalktuffe oder Sinter in genügender Menge zur Verfügung stehen, kann man als zweite Gruppe Urgestein verwenden, um auch den typischen Bewohnern dieser Gesteinsart eine echte Stätte bieten zu können.

Oben: Tuff, Kalkquellstein.

Mitte: Quarzit, Urgestein.

Unten: Gneis, Urgestein.

Für die kalkliebenden Pflanzen ist der **Tuffstein** zweifellos das geeignetste Material. Der Tuff ist ein besonders in der Oberfläche sehr poröser Stein, der die typischen Felsbewohner, wie beispielsweise den Steinbrech, geradezu einlädt, in seinen Ritzen zu wachsen und zu gedeihen. Saxifragen, Glockenblumen, Androsacen, Teufelskrallen, Leberbalsam und viele mehr wachsen auf diesen Tuffsteinen ohne jeden Zusatz von Humus. Im Frühling sind solche Felsengruppen oft übersät mit Blüten dieser bezaubernden Gebirgspflanzen. Bei härteren Kalksteinen, wie sie in den Kalkalpen vorkommen, benutzen wir die sich in Millionen von Jahren gebildeten Ritzen und Spalten zur Bepflanzung.

In vielen Gegenden steht uns nur **Urgesteinsmaterial** zur Verfügung, das wir aber ebensogut für unsere Zwecke verwenden können. Der Nachteil gegenüber den relativ leichten Tuffsteinen ist das Gewicht dieser Felsbrocken, vor allem dann, wenn wir uns aus ehrgeizigen Gründen für besonders große Steine entschieden haben.

Auch aus **Granitsteinen,** oder sogenannten Naturplatten aus Granit lassen sich durch geschichtete Aufbauten sehr natürliche Fels-Szenerien gestalten.

Der **Sandstein** ist ebenfalls ein brauchbares Baumaterial, ebenso **Basalt** oder **Schiefer.** Für Trockenmauern und Treppen wählen wir das gleiche Gesteinsmaterial, das wir auch für die damit verbundenen Wege und Teicheinfassungen verarbeiten.

Vor der Auswahl der einzelnen Steine sollten wir uns grundsätzlich im klaren darüber sein, wie wir die einzelnen Steingartenpartien gestalten wollen.

Wir brauchen größere, mittlere und kleine Steine. Die ganz großen Brocken erzielen den größten Aufmerksamkeitsgrad und bestimmen, soweit sie nicht absolut einzeln stehen, die Gestaltungslinie. Wir wollen natürlich schöne Steine, die in ihrer natürlichen Ruhelage den Eindruck erwecken sollen, als seien sie schon immer an dieser Stelle gelegen.

Vom Aufbau hoch aufragender Felsgruppen auf durchschnittlichen Grundstücksgrößen ist unbedingt abzuraten.

Alles muß zueinander passen, sich einfügen, glaubwürdig sein. Aber den Mut müssen wir nun schon haben, anzufangen, um lernen zu können. Dabei werden Sie immer sicherer und Ihre Begeisterung für den Steingarten wird noch ausgeprägter. Und stets möchte man alles noch besser machen, weil man sich gerade bei der Gestaltung sehr intensiv in das Naturgeschehen hineinversetzen muß.

Die Planung

Längst haben wir uns einen genauen Plan unseres Grundstücks aufgezeichnet. Am besten macht man mehrere Kopien, um verschiedene Lösungen einzeichnen zu können. Neben der größeren Fläche, die wir für den Aufbau des natürlichen Steingartens vorgesehen haben, interessieren uns aber auch alle anderen Teile unseres Gartens. Jeden Winkel gilt es zu erfassen, jedes, auch das kleinste Gefälle, auch die im Schatten liegenden Seiten, die Feuchtstelle, an der immer das Wasser steht! Alles sieht man auf einmal in einem ganz anderem Licht, weil wir uns damit nun intensiv befassen, wir uns vorzustellen versuchen, wo was wachsen und blühen sollte, und wie alles viel schöner werden könnte. Dann treten wir hinaus in unseren Garten, der uns nun überhaupt nicht mehr gefällt, weil wir uns im Geiste schon völlig auf unseren neuen Garten eingestellt haben.
Unser neuer Steingarten, eine Pflanzstätte für Gebirgspflanzen, mitten in unserem zottigen alten Rasen, auf ebener Fläche, wie fangen wir es denn überhaupt an?
Auf dem Plan zeichnen wir uns die Umrisse unseres Steingartens ein. Bei ausreichender Luft- und Bodenfeuchtigkeit können wir den Idealstandort wählen, d. h. der neue Gartenteil erstreckt sich von Nordosten bis Südwesten. Dadurch erhält man die volle Einstrahlung der Sonne von frühmorgens bis nachmittags. In sehr trockenen Lagen, z. B. auf Sandböden, empfiehlt es sich, den Steingarten lediglich der Morgensonne auszusetzen, um den hochsommerlichen Hitzeperioden besser begegnen zu können.

Der richtige Untergrund

Bezüglich der Bodenbeschaffenheit gehen wir von zwei extremen Gegebenheiten des Untergrundes aus, dem schweren Tonboden und dem Sand- und trockenen Heideboden. Beim **Tonboden,** der bei Regenfällen wie eine Wanne wirkt, da sich bei Nässe die Poren schließen, benötigen wir scharfen Flußsand, um die für unsere Gebirgspflanzen lebenswichtige Wasserdurchlässigkeit sowie die nötige Bodenwärme erzielen zu können. Die Mischung Sand : Ton kann durchaus 1 : 1 bestehen, vor allem dann, wenn es sich um blauen Ton handelt.
Der Vorteil des Tons wiederum liegt in der Fähigkeit, Wasser zu speichern. Er eignet sich daher bei sparsamer Verwendung als vorzügliche Beimischung für die Kultur von Feuchtigkeit liebenden Pflanzen, vor allem von Primeln der europäischen und asiatischen Gebirge.
Bei reinen **Sandböden** fließt das Wasser sofort ab. Die Durchlässigkeit ist also nahezu 100%. Die Folge ist Trockenheit. Bei starker

◄ Natürlicher Aufbau eines Steingartens.

Der natürliche Steingarten

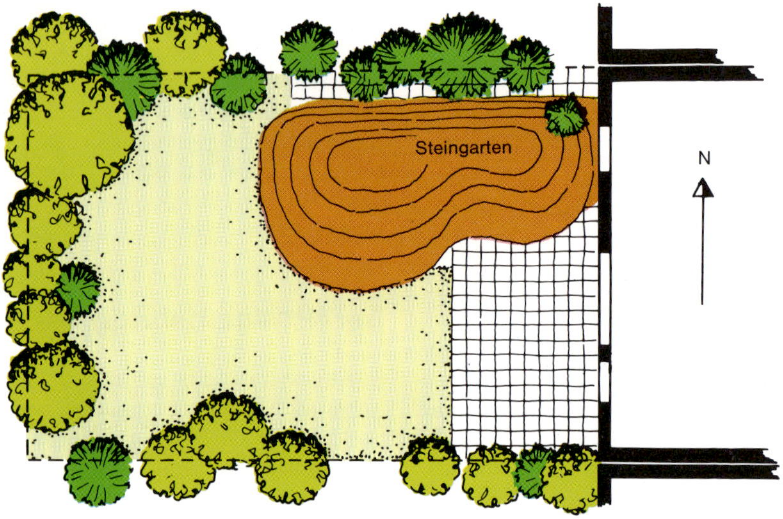

Einplanung des Steingartens in den Gartenraum.

Sonneneinstrahlung würden unsere Gebirgspflanzen verbrennen, da auch die Luftfeuchtigkeit im besonders heißen Sommer auf ein Minimum herabsinkt.
Um die Wasserdurchlässigkeit stark abzubremsen, und um das lebensnotwendige Wasser speichern zu können, reichern wir den Sandboden durch eine starke Beigabe von Ton, langfaserigem Torf und Sphagnum (Sumpfmoos) an. Darüber hinaus kann man eine witterungsbeständige Folie in den Sandboden einarbeiten, um das Wasser noch besser halten zu können. Mit dieser Vorgehensweise, die wir durch kleine Wassertümpel oder Teiche noch ergänzen können, erzielen wir in Verbindung mit den erforderlichen, sehr gezielten Wassergaben die notwendige Luftfeuchtigkeit.
Das gleiche gilt auch für trockene **Heide- oder Torfböden.** Auch hier brauchen wir eine starke Beimischung von Lehm, Ton und Humus, um auch in diesen typischen Trokkenlandschaften einen Steingarten mit Erfolg anlegen zu können. Derartige Bodenverhältnisse finden wir besonders in Norddeutschland. In diesen Gegenden ist der Bau eines Steingartens besonders reizvoll.
Unbedingt erwähnenswert ist es auch, daß das Steinmaterial für den Steingarten keineswegs nur zünftigen Kulissencharakter hat. Vielmehr haben die meisten Steine eine stark wasserhaltende Kraft und auch als Schattenspender eine tiefgreifende Bedeutung für das Gedeihen etlicher Pflanzengruppen (Felssiedler).

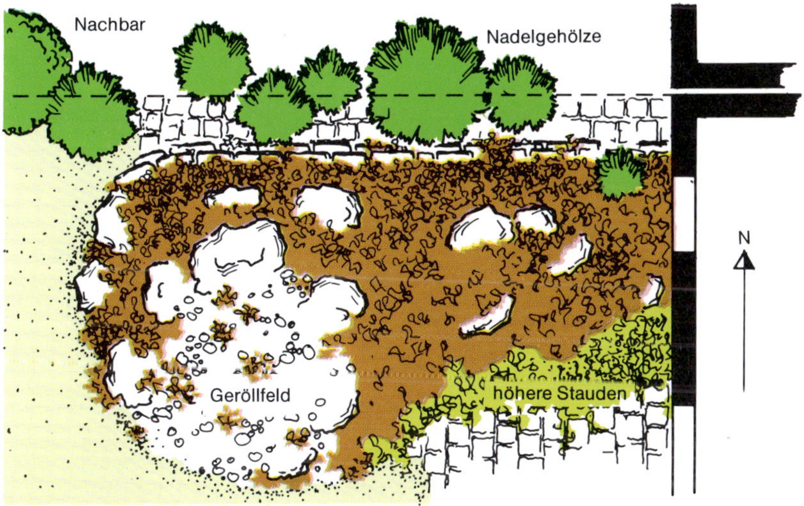

Gestaltungs- und Bepflanzungshinweise für die Anlage eines natürlichen Steingartens.

Der Aufbau

Unter ausreichender Berücksichtigung der zum Nachbarn liegenden und teilweise noch zu bepflanzenden Hintergrundfläche (Nordseite) haben wir die Grenzen unseres zukünftigen Steingartens mit Holzpflöcken abgesteckt. Wir heben nun den ganzen Rasen sorgfältig ab. Die Rasenziegel benötigen wir wieder zur Kompostfertigung.

Bei **normalem Gartenboden** graben wir das abgesteckte Gelände einen Spatenstich tief um. Sorgfältig entfernen wir alle Wurzelunkräuter, damit wir später keine unangenehmen Überraschungen erleben. Dann beginnen wir mit dem Aufbau des Geländes in der Höhe und Breite, die wir vorgesehen haben. Wir benutzen normale Gartenerde oder sogenannten Humusboden, den wir von einer Baustelle bezogen haben. Je lehmhaltiger dieser Boden ist, desto mehr Kies ist beizumischen. Bei tonigem Untergrund kann man bis zu 50% Sand dazugeben (siehe Seite 21). Um die eigentliche Pflanzerde brauchen Sie sich erst dann zu kümmern, wenn Sie das Steinmaterial plaziert haben.

Der Untergrundbau soll sich auf mehrere Hügel erstrecken, damit ein möglichst vielseitiges, dynamisches Landschaftsbild entsteht.

Bauen Sie die höchsten Spitzen immer höher, als Sie es ursprünglich vorhatten. Beim Setzen der Steine werden die ja noch sehr lockeren

Der natürliche Steingarten

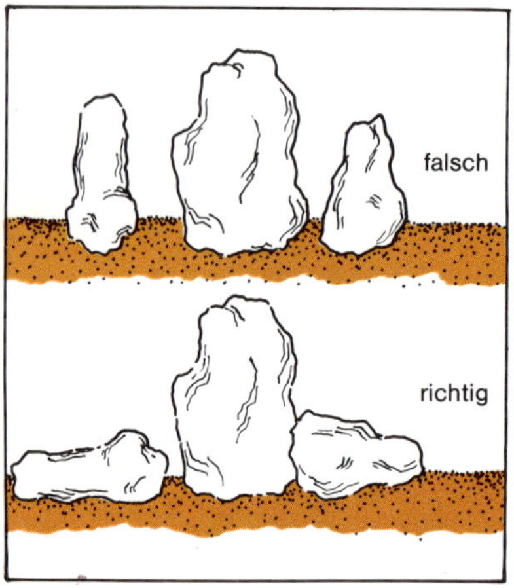

Natürliche Lagerung der Steine.

Hügel ohnehin wieder zusammengepreßt. Außerdem ist es leichter, überflüssige Erde zu einem anderen Hügel hinzuschieben, als neue Grunderde abermals heranzuführen. Nochmals, keine Angst vor Höhen, korrigieren können Sie immer noch.

Je nach der Größe des vorgesehenen Steingartens sollten Sie auch aus dem gleichen Steinmaterial **Gehsteige** (siehe Seite 27) mit einplanen, die entweder durch die ganze Breite des Steingartens führen oder nur zu einem oder mehreren der charakteristischsten Punkte des Steingartens. In einem Plan kann man das vorher kaum festhalten, da das Steinmaterial in seiner Größe, Schönheit und Dynamik die ganze Vorplanung meist verwirft. Also suchen wir zunächst die attraktivsten Felsbrocken heraus. Das bedeutet, daß die ersten Steine zunächst auf die höchsten Punkte gesetzt werden. Man kann auch in der Mitte beginnen. Wichtig ist natürlich, die größten Brocken zuerst zu setzen. Die schweren Steine wälzen wir auf Brettern zum vorgesehenen Punkt des Geländes. Wir müssen nun dem einzelnen Stein die schönste Stelle abgewinnen. Von ihm geht die weitere Gestaltung aus. An uns liegt es nun, passende Ergänzungen zu finden, die den natürlich gelagerten Hauptstein in seiner Wirkung unterstützen und bestätigen. Wenn man zwei gleichgroße Felsen zusammensetzt, dann müssen sie als eine zusammengewachsene Einheit empfunden werden können, als der große Kern, um den, oder besser, aus dem sich wie draußen in der Natur das Geröllfeld gebildet hat.

In respektvoller Entfernung setzt man dann mittlere und kleinere Steine, so, wie wir das in der freien Natur beobachtet haben. In diesem Stadium haben Sie noch längst nicht die Wirkung erzielt, die Sie sich eigentlich vorstellen.

Vorbereitungen zum Pflanzen

Erst mit der 20 cm hohen Auflage der eigentlichen Pflanzerde in der gesiebten **Durchschnitts-Mischung**

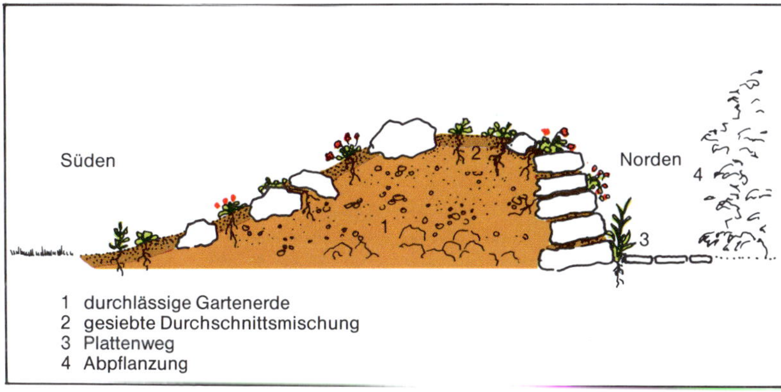

Hinweis für Aufbau und Gestaltung des natürlichen Steingartens.

von $^1/_3$ Humus oder alter verrotteter Komposterde mit Lehmzusätzen, $^1/_3$ dunklem Torf, und $^1/_3$ scharfem Flußsand gestalten wir die eigentliche Oberfläche.

Nun verdecken wir die Liegeseite der Steine, so daß sie wie natürliche gewachsene Felsen wirken. Jetzt treten auch die vielen verschiedenen Pflanzflächen zutage, die Südseite für die sonnenhungrigsten Blumenkinder, die Nordseite für die vielen kleinen Farne, Ramondien, Haberleen, Schattensteinbreche, die Ostseite vornehmlich für die große Familie der Vorfrühlingssteinbreche, die wir direkt in die Tuffsteine hineinpflanzen.

Hierzu machen wir mit einer Bohrmaschine ca. 10 cm tiefe halbschräge Löcher, natürlich auf der Ostseite des Steins, fügen ein wenig Humus hinzu und pflanzen dort hinein die kleinen Steinbreche. In den ersten Frühlingstagen, schon Anfang März, sind diese kleinen Polster, oft nur in der Größe eines 5-Mark-Stückes, voll von weißen, rosa, roten, gelben und lila Blütchen. Dieses ist ein ganz entzückender Anblick und sicher eine der schönsten und eindruckvollsten Erlebnisse in unserem Steingarten.

Schaffung einer Pflanzstelle für Saxifragen.

Der natürliche Steingarten

Geröllfeld in den Dolomiten.

Edraianthus, Büschelglocke

Haben wir keine Tuffsteine oder mit Ritzen und Spalten versehene Kalksteine sondern nur hartes Material, dann brauchen wir für derartige Felspflanzen feinen, mit Torf gemischten, sandigen Humus, etwa in der Mischung von $^1/_2$ scharfem Flußsand, $^1/_4$ dunklem Torf und $^1/_4$ gut abgelagertem Humus.
Auf der Vorderseite, also der Südseite der größten Felsen, bauen wir für die Geröllsiedler ein **Geröllfeld.** Die Fläche richtet sich nach der Gesamtgröße der Anlage. Selbstverständlich kann man mehrere Geröllfelder an verschiedenen Stellen des Steingartens anlegen. Auf die bereits aufgetragene Pflanzerde bringen wir eine etwa 10 cm dicke Schicht von ca. 8–10 mm starkem Flußkies ohne jegliche Beimischung. Damit schaffen wir die geeignete Pflanzfläche für die herrlichen kleinen Alpenmohne, *Papaver alpinum,* die Levkoje, *Matthiola fruticulosa* var. *vallesiaca,* die wunderschönen Felsenmargeriten, *Townsendia,* in mehreren Sorten, das Täschelkraut, *Thlaspi montanum* und *Linaria alpina,* das Alpenleinkraut. Auch kleine Zwergglokkenblumen, *Campanula pusilla,* und viele mehr finden dort ihren Platz.
Wenn wir die höchsten Hügel mit den schönsten Felsen bestückt haben, ziehen wir die Gestaltung im Süd- oder Südostgefälle von 15–30° zur untersten Grundfläche. Zwischen den höchsten und tiefsten Stellen bilden wir auf verschiedenen Höhen mit sehr attraktiven Felsen weitere Schwerpunkte, die sich bis zum untersten Rand des Steingartens verflüchten oder auslaufen. Die Grenze verläuft nicht wie ein abgezirkeltes Blumenbeet. Sie richtet

sich vielmehr nach dem Verlauf der eingearbeiteten Felsgruppen und der Größe und Form abgrenzender Steine und eventuell schon bestehender Pflanzen- oder Baumgruppen.

Gehsteige und Treppen

Die bereits erwähnten Gehsteige fügen wir durch flach liegende, stufenförmig angeordnete Steine möglichst unauffällig in die ganze Anlage ein. Bei kleineren Steingärten sollte ein Gehsteig erst ab einem Anstieg von 10% erfolgen, sofern nicht durch Aushub oder durch einen natürlichen Hang eine wesentlich stärkere Steigung vorhanden ist.

Im naturnahen Steingarten wäre eine architektonische Treppe ein absoluter Fremdkörper.

Deshalb schaffen wir auch zwischen und neben den einzelnen »Stufen« unseres Natursteigs genügend Le-

Interessanter Aufbau eines natürlichen Steingartens mit kleinem Hohlweg.

bensraum für besonders reizende, niedrig wachsende Polsterpflanzen. Die erste Stufe gehört den bunten Aubrietien mit ihren wunderschönen Blautönen. In unmittelbarer Nachbarschaft setzen wir die herrlich leuchtendgelb blühenden Arten von *Alyssum,* dem Steinkraut. In mittlerer Höhe können wir die schönste Farbkomponente zur Wirkung bringen. Nehmen wir die bekannten Arten des niedrigen *Phlox,* z. B. die großblumige weiße Sorte 'Maischnee', die leuchtend lachsrosa blühende 'Ronsdorfer Schöne', *Phlox douglasii* 'Georg Arends' mit ihren wunderschönen rosalila Blüten. Nur 5 cm hoch wird die schieferblau erblühende *Phlox subulata* 'G. F. Wilson'. Noch viele Sorten könnte man hier aufzählen. Eine bezaubernde Begleitpflanze zu den niedrigen *Phlox*-Arten ist die ausläuferbildende *Androsace sarmentosa* mit seidig behaarten Blattrosetten und primelartigen, leuchtendrosa Blütendolden. Noch schöner ist *Androsace sempervivoides,* die aber nicht unbedingt in voller Sonne stehen möchte. Sie ist wesentlich zierlicher in ihrem ganzen Aufbau, blüht ebenfalls rosarot und wird ca. 8 cm hoch.
Solch eine sogenannte Steintreppe, sagen wir besser Gehsteig, darf keineswegs geradelinig verlaufen. Er muß auch dazu verleiten, links und rechts größere Felsengebilde zu schaffen, damit alles wie eine kleine Schlucht wirkt.

Die Bepflanzung – eine Auswahl

Die größeren Felsen bieten uns reizvolle Pflanzstellen, z. B. für *Dianthus alpinus,* die Alpennelke, mit ihren grasigen Polstern und flachen, kurzstengeligen, großen, hellrosa bis weißen Blüten. Wir pflanzen diese typische Gebirgspflanze möglichst auf die **Ostseite** und geben ihr ein schottriges Pflanzbett mit beigefügtem Humus. Zwischen die einzelnen Pflanzen legen wir kleine Tuffsteine. Wenn die Polster sich richtig ausgewachsen haben, wirkt die ganze Fläche ausgesprochen naturecht wie im Hochgebirge.

Die Südseite

In den auf höchster Stelle stehenden größten Felsen bohren wir direkt in die Südseite in halber Höhe ein ausreichendes Pflanzloch für den »König der Steinbreche«, *Saxi-*

Saxifraga longifolia, »König der Steinbreche«

fraga longifolia. In den Pyrenäen finden wir ihn in Höhen bis zu 2400 m. Schon die sehr steifblättrig graugrüne bis zu 15 cm breit werdende Rosette ist ein Glanzstück im Steingarten. Nach etlichen Jahren bildet sich dann auf dem drüsig behaarten und bis zu 70 cm langen Stengel ein prachtvoller Blütenstand. Leider stirbt diese herrliche Pflanze nach der Blüte ab. Da sie keine Nebenrosetten bildet, muß man die Nachzucht durch Samen erzielen.

Auf dem obersten Felsplateau des Steingartens, ebenfalls direkt auf die sonnige Südseite, pflanzen wir *Asperula arcadiensis,* einen Hochgebirgsbewohner aus Griechenland. Nur 5–10 cm hoch sind die dicht werdenden Polster mit ihren silbergrau behaarten Blättchen und den langröhrigen rosa Blüten. Für diesen, sehr nässeempfindlichen, ausgesprochenen Felsbewohner suchen wir uns einen völlig durchlässigen Standort am besten im Kalkschutt zwischen 2 Felsen oder direkt in einer Felsritze.

In voller Südseite, in möglichst größter Trockenheit, im Kalkschotter wächst die ebenfalls aus Griechenland stammende Stechnelke, *Acantholimon,* eine 10–15 cm hoch werdende, stachelige, Polster bildende Pflanze mit weißen und rosa Blüten. In ihrer Nachbarschaft, die gleichen Bedingungen liebend, fühlt sich auch der in Europa, Asien und Amerika vorkommende *Astragalus,*

Asperula arcadiensis, Meister

Astragalus angustifolius, Tragant

der Tragant, besonders wohl. Zu empfehlen ist die Sorte *A. angustifolius* mit 10–15 cm hoch werdenden stechenden Polstern, aschgrau farbigen Blättchen und cremeweißen Blütchen. Auf dem richtigen Standort stehend, ist diese typische Steingartenpflanze mit zunehmendem Alter äußerst attraktiv.

Der natürliche Steingarten

Wir haben ja noch viele Plätze in unserem neuen Steingarten, vor allem zur Südseite hin. Denken wir an die Frühlingsaster der Gebirge, *Aster alpinus,* die auf 20–25 cm hohen Stielen ihre violettblauen Blüten hervorbringt. Ein sehr schöner Kontrast ergibt sich aus dem in unmittelbarer Nachbarschaft goldgelb blühenden, ca. 25 cm hoch werdenden *Hieracium villosum,* dem gelben Habichtskraut. Die ganze Pflanze ist mit einem starken Saum von weißen Wollhaaren überzogen, die den Morgentau in den ersten Sonnenstrahlen wie kleine Diamanten glitzern läßt.

Aus der Fülle der *Sedum,* dem Fettblatt oder der Fetthenne, suchen wir uns nach und nach die uns am schönsten erscheinenden Arten. Es handelt sich für unsere Belange vornehmlich um Stauden, die unserem Steingarten als ausgeprägte Durstkünstler auf besonders trockenen Stellen Belebung bringen. Hüten wir uns vor der Anpflanzung ausgesprochener Wucherer, wie z. B. *Sedum acre,* dessen gelbe Blütchen zwar sehr niedlich sind, das aber dazu neigt, in alle Spalten und Ritzen einzudringen und dies nicht gerade zum Wohl der dort bereits stehenden Alpenpflanzen. Besonders reizvoll sind *Sedum alpestre,* die Alpenfetthenne, *Sedum reflexum* und viele weitere Arten und Sorten (siehe »Stauden«, Seite 56).

Auch etliche Vertreter der Haus- oder Steinwurz, *Sempervivum,* dickblättrige Rosettenstauden, haben Anrecht auf einen Platz im Steingarten.

Auf der Südseite, im oberen Teil des Steingartens, wo das Wasser besonders gut abfließt, ist der richtige Platz für *Anacyclus pyrethrum* var. *depressus,* die Ringblume, eine sehr hübsche, nur 10 cm hohe Gartenstaude aus Marokko. Ihre Blätter sind silbrig grau, die fast aufsitzend wirkenden Blüten sind weiß, unterseits rötlich angehaucht. Leider ist sie etwas kurzlebig, sät sich aber selbständig aus, ohne lästig zu werden. Ebenfalls in voller Sonne liebt es die Lotwurz, *Onosma,* aus den Mittelmeerländern und Zentralasien. Nur 20 cm hoch wird beispielsweise *Onosma alborosea.* Ihre Blätter sind graufilzig, die Blüten weiß, rosafarben auslaufend. Aus Afrika gibt es aber noch weitere hochinteressante ausgesprochene Sonnenanbeter. Wir werden deshalb beson-

Anacyclus pyrethrum var. *depressus,* Ringblume

ders geeignete Sonnenplätze schaffen mit entsprechenden, wasserdurchlässigen Pflanzstellen, um derartigen Pflanzengruppen optimale Voraussetzungen bieten zu können. Da gibt es ganz bezaubernde Strohblumen, wie z. B. *Helichrysum milfordiae.* Nur 3–5 cm hoch sind die dichtgeschlossenen, silbrig-wolligen Polster. Auf ganz kurzen Stengeln, fast aufsitzend, bilden sich die sehr ausdrucksvollen großen weißsilbrigen Blüten, auf älteren Polstern oft weit über 100. Das sind Schönheiten, die den Liebhaber besonders in ihren Bann zu ziehen vermögen.

Ein Star aus Spanien, *Convolvulus boissieri (C. nitidus),* ist eine sich dem Boden eng anschmiegende silbriggrüne Winde mit hellrosafarbenen Blütenschälchen. Auch sie liebt volle Sonne und trockene Plätze möglichst in schotterigem, sandigem Boden.

Achten wir also beim Aufbau auf die Notwendigkeit, regelrechte Sonnenterrassen mit einzubauen, deren Wirkung wir durch besonders schöne und große Steine noch unterstreichen können.

So viele Pflanzenfamilien sind noch zu nennen, z. B. Ehrenpreis, *Veronica,* als Stauden und Halbsträucher. Die früheste ist *Veronica caespitosa,* ihr Verbreitungsgebiet ist Griechenland bis Kleinasien. Nur 5–7 cm hoch ist die kissenbildende

Convolvulus boissieri, Glockenblume

Pflanze, und leuchtend blau sind die kleinen, entzückenden Blütchen. Über 150 Arten gibt es in der ganzen Welt. Uns interessieren in erster Linie die zwergigen, also die polsterförmig wachsenden Arten. Wir reservieren ihnen warme und sonnige Plätze auf Schutthalden auf der Südseite von Fels und Stein. Ähnliche Voraussetzungen, also freien Stand zur Sonne, benötigt auch das Seifenkraut, aus den Ländern des Mittelmeeres stammend. Herrlich sind die überwiegend rosarot blühenden Stauden, wenn sie ihre leuchtenden Blütenkissen ausbreiten und die Felsen mit vielen kleinen Blüten überziehen. Alles drängt sich im Frühling der Sonne entgegen.

Die für den Steingarten stets beliebten, bis zu 30 cm hohen Schafgarben, *Achillea,* die vielen kleinen Arten von *Geranium,* dem Storchenschnabel, die bekannte Silberwurz,

Der natürliche Steingarten

Hypericum polyphyllum, Johanniskraut

Dryas octopetala, die Johanniskräuter, *Hypericum,* die Schleifenblume, *Iberis,* die große Schar der Zwiebel- und Knollengewächse. Alle brauchen sie ihren Platz auf der Sonnenseite.

Im unteren Teil des Steingartens pflanzen wir grundsätzlich die etwas höher werdenden Stauden, während wir in den oberen Höhen die typischen Bewohner der Stein- und Felspartien ansiedeln.

Für Stein und Geröll bietet uns die Familie der Saxifragen eine nahezu unerschöpfliche Fülle an liebenswerten Sorten. Über 300 Arten gibt es im Norden und Süden der Welt, in den Gebirgen Europas und Asiens, auf schattigen frischen Humusböden, in Gesteinsfugen und Felsritzen der Kalkberge und der des Urgesteins, am Rande der Gletscher bis in die Arktis, an flachen Rinnsalen und sogar im seichten Wasser von Quellfluren. Auch aus diesen Beispielen erkennen wir die Notwendigkeit völlig unterschiedlicher Pflanzstätten und der damit verbundenen Konsequenzen bezüglich der Auswahl des Gesteins und des jeweils bevorzugten Standortklimas.

Wir wollen am Anfang so unkompliziert wie nur möglich vorgehen, so daß wir aus dem großen Angebot der Gärtnereien zunächst nur die Sorten wählen, denen wir für ihr Gedeihen einen optimalen Standort bieten können.

Nelken

Für die höher gelegenen sonnigen Seiten eignen sich viele alpine Nelken, die durch ihre zierlichen Polster und teilweise fast stengellosen Blüten einen besonderen Hochgebirgscharakter vermitteln. Einige Beispiele:

Dianthus freynii aus der Herzegowina, *D. microlepis* var. *musalae* aus Bulgarien, *D. simulans* aus Mazedonien und *D. subacaulis* aus den Südwest-Alpen. Sie bilden Polster, die nur bis zu 5 cm hoch werden.

Für möglichst kalkarme, nicht zu trockene Schotterfelder wählen wir *Dianthus glacialis,* die Gletschernelke, aus den Karpaten. Polster feinblättrig, ca. 3 cm hoch, Blüten leuchtend rosa auf ca. 5 cm hohen Blütenstengeln.

Diese ganze Schar der zwergigen Alpennelken pflanzt man zwischen

Dianthus alpinus, Alpennelke

kleineren Steinen oder, umgekehrt ausgedrückt, man füllt die Räume zwischen den Pflanzen mit Steinen, damit wir einen möglichst natürlichen Eindruck herausarbeiten. Aus dem Angebot der etwas höher werdenden Wildnelken gibt es für die untersten Stellen des Steingartens beziehungsweise für den Wegrand eine Fülle wunderschöner Sorten mit strahlend rosa, weißem und rotem Blütenkleid. Zu den attraktivsten zählen sicher die verschiedenen Gartenzüchtungen von *Dianthus gratianopolitanus,* der Pfingstnelke, die Züchtungen von *D. plumarius,* der Federnelke, oder beispielsweise auch der *D. carthusianorum,* der Kartäusernelke, mit ihren auf 10–25 cm hohen Stengeln bis zu 6 Stück sitzenden purpurroten Blüten. Sie steht allerdings am besten vor der Kulisse dunkelgrüner Bergkiefern auf kalkhaltigem Boden.

Orchideen im Steingarten?
Hier denken wir nicht an die immer seltener werdenden Knabenkräuter unserer heimatlichen Auen, sondern vielmehr an *Bletilla striata,* die Japanorchidee, aus China und Japan. Sie wächst relativ leicht in jedem etwas durchlässigen, nicht zu trockenen Boden. Die leuchtend karminroten, mit weißen Streifen auf der Lippe versehenen Blüten wirken wie eine kleine *Cattleya.* Nach der Blüte gibt man etwas alten Rinderdung oder verrotteten Kompost auf die Pflanze. Sie dankt es im kommenden Sommer mit einem noch reichhaltigeren Blütenschmuck. Im Winter sollte man die Pflanze mit einigen Fichtenzweigen abdecken. Cypripedien und Pleionen sind besonders begehrenswert.

Bletilla striata, Japanorchidee

Der natürliche Steingarten

Das Edelweiß
Was wäre ein Steingarten ohne die Königin der Alpenpflanzen, einer Alpenblume, der man die meisten Lieder gewidmet hat, und die von manchem Bergsteiger unter Lebensgefahr für seine Liebste gepflückt wurde: dem Edelweiß, *Leontopodium alpinum.* Hoch oben muß es wachsen, an steiler Felswand, in ganz karger Umgebung mit wenig

Leontopodium alpinum, Edelweiß

Humus, so kennen wir die Beschreibung des Standortes oder haben es selbst entdeckt.
Und so pflanzen wir auch unser Edelweiß, direkt im Kalkschutt oder regelrecht eingekeilt zwischen zwei Felsen, so daß wir einen echten Felsspalt entstehen lassen.

Enziane und ihre Nachbarn
Wir kennen sie ja, die leuchtend blauen Sterne des Frühlingsenzian, *Gentiana verna,* oder den Stengellosen Enzian, *Gentiana acaulis,* den Alpenenzian, mit seinen flachen Polstern und tiefblauen Blütenglocken. Auf Almen und Matten, auf saftigen feuchten Wiesen leuchten sie uns im Frühling entgegen.
Für diese zu den schönsten Alpenpflanzen zählende Gruppe brauchen wir einen feuchten, lehmigen Boden. Unseren normalen Durchschnittsboden reichern wir deshalb mit Lehm, Ton und dunklem Torf an. Als Pflanzort wählen wir eine relativ flache, etwas absonnige Stelle des Steingartens, vielleicht bei einer größeren Kiefer, die, je nach Sonneneinfall, vorübergehend Schatten spendet.
Zu den Enzianen und in deren unmittelbare Nachbarschaft pflanzen wir die Mehlprimel, *Primula farinosa.* Sie wird etwa 20 cm hoch. Wir erkennen sie an den unterseits weiß-

Gentiana acaulis 'Coelestina', Enzian

Primula farinosa, Mehlprimel

mehligen, gezähnten Blättern und der bezaubernden vielblütigen Dolde der rosalilafarbenen Blüten mit gelbem Schlund. In diese Pflanzengemeinschaft gehört aber auch der Rosmarinseidelbast, *Daphne cneorum,* ein ganz besonders reizvolles, nur 20 cm hohes Zwergsträuchlein. Über den kleinen, dunkelgrünen Blättchen sitzen die herrlichsten, stark duftenden, karminrosa Blütendolden in schönster Farbharmonie zum Blau unserer Enziane. Der Seidelbast will es auch etwas feucht haben, genau so wie *Primula farinosa* und die ganze Schar unserer großen und kleinen Enziane.

Im Schatten eines besonders wuchtigen Felsbrockens, direkt neben einer Zwergkiefer, *Pinus mugo* ssp. *pumilio,* ist der richtige Standort für die uns allen bekannte Schnee- oder Christrose, *Helleborus niger* ssp. *macranthus.* Schon im November zeigt sie ihre großen weißen Schalenblüten inmitten ihrer wintergrünen dunklen Blätter. In frischem, humosem, lehmigem Boden entwikkeln sich die Christrosen zu prachtvollen Pflanzen. In ihrer unmittelbaren Nähe pflanzen wir das Leberblümchen, ebenfalls mit wintergrünen Blättern, das uns schon in den ersten Frühlingstagen in verschiedenen Sorten leuchtend blaue, rosa und weiße Blüten beschert. In dieses Vorfrühlingsbild passen die Schneeglöckchen und die früh blühenden Primeln, wie z. B. *Primula vulgaris (P. acaulis), P. clarkei, P. hirsuta (P. rubra),* um nur einige Beispiele zu nennen.

Für größere Anlagen ist auch *Helleborus abchasicus,* von der Ostküste des Schwarzen Meeres kommend, sehr empfehlenswert. Ihre dunkelgrünen Blätter werden ca. 30–40 cm hoch, und die großen Blütenschalen sind dunkelpurpurrot.

Adonisröschen und Küchenschellen

Zum allerfrühesten Frühlingsflor gehört *Adonis amurensis,* das Adonisröschen aus der Mandschurei. Allein schon die vor dem Blattaustrieb sich vorschiebenden grüngelben Knospen sind von geheimnisvoller Schönheit. Die aufgehenden großen Blüten, bei älteren Pflanzen bis zu 40 Stück, sind wie leuchtende Sonnen, eine Attraktion im Steingarten.

Der natürliche Steingarten

Adonis vernalis, Adonisröschen

Die feingefiederten zartgrünen Blätter ziehen im Juni ein. *Adonis vernalis,* aus Sibirien stammend, blüht erst im April. Mit den großen goldgelben Blüten, die im schönsten Kontrast zu den zartgrünen fiederteiligen Blättern stehen, gehört dieser Frühlingsbote zu den schönsten Wildstauden. Man pflanzt sie am besten in einen Schwerpunkt des Steingartens. Je länger sie sich an einem Standort ungestört entwikkeln kann, desto prachtvoller sind ihre goldgelben Blüten.
In diesem Frühlingsreigen spielen auch die Küchenschellen *(Pulsatilla)* ihre Rolle. Allein schon der Austrieb, die weißzottig behaarte Blütenknospe, lenkt unsere Aufmerksamkeit auf dieses Kleinod. Wunderschön sind die glockenförmigen schwefelgelben, purpurroten, weißen, violetten bis lachsrosa Blüten, und im Gegenlicht der Sonne wirkt der Haarsaum an Stengel und Hochblättchen wie silbrige Seide. Selbst die Fruchtstände im Frühsommer schenken uns noch einen schönen Anblick.
Was würden wir im Leben versäumen, wenn wir an all diesen Schönheiten unwissend und achtlos vorbeigingen. Je weniger wir die Schöpfung wahrnehmen, desto grauer sieht es in uns aus. Und es gibt doch so vieles, über das wir uns länger als einen Augenblick freuen können.

Glockenblumen
Über 300 Arten gibt es in dieser großen Familie. Sie kommen aus Europa und Asien. Ihre Blüten reichen vom hellsten Blau bis zum tiefsten Violett. Aber auch viele weißblühende Typen gibt es.
Für den Steingarten suchen wir uns die niedrigeren Sorten aus und für den Anfang besonders bewährte Gartenzüchtungen, wie z. B. *Campanula cochleariifolia (C. pulsilla),* nur

Campanula portenschlagiana, Glockenblume

10 cm hoch werdend, eine ganz entzückende, kleine, hellblau blühende Glockenblume, deren Zartheit durch den Standort vor einem harten Felsbrocken besonders hervortritt. Wir wählen weiterhin die verschiedenen Sorten der *C. carpatica,* der Karpatenglockenblume, die *C. portenschlagiana,* die etwas größere dunkelviolett blühende *C. glomerata,* die sehr wüchsige *C. pulloides,* um nur einige Sorten an dieser Stelle zu nennen.

Alpenveilchen

Die meisten unserer Alpenpflanzen sind richtige Sonnenkinder. Und doch gibt es auch manche davon, die einen halbschattigen oder sogar schattigen Standort bevorzugen. Die lieblichen wilden Alpenveilchen, z. B. *Cyclamen coum,* die in den allerersten Frühlingstagen ihre wunderschönen roten, rosa und weißen Blüten zeigt. Sie stehen am liebsten hinter einem Stein oder im lichten Gehölzschatten. Auch die erst im Sommer und Herbst blühenden Alpenveilchen stehen am besten im Halbschatten der Koniferen oder hinter großen Wurzeln. Im Steingarten brauchen wir also Zwergkoniferen (siehe Seite 48) als Schattenspender, die aber andererseits auch interessante Blickpunkte ergeben. Die in Frage kommenden Gärtnereien und Gartencenter bieten eine Vielzahl zwergiger Arten und Sorten an. Achten wir jedoch auf die Echtheit der zwergigen Gehölze, damit Sie in einigen Jahren keine unliebsamen Überraschungen erleben.

Die Nordseite des Steingartens und der Hintergrund

Auf der Rückseite des Steingartens haben wir ja eine kräftige Pflanzenkulisse mit *Pinus mugo* vorgesehen. Dazwischen setzen wir z. B. *Gentiana lutea,* den bis 1,50 m hoch

Cyclamen coum, Alpenveilchen

Gentiana lutea, Gelber Enzian

Der natürliche Steingarten

Ramonda myconi, Felsenteller

werdenden Gelben Enzian, aus dessen Wurzeln man den bekannten Enzianschnaps gewinnt. Auch *Lilium martagon,* der Türkenbund, rotblühende *Rhododendron,* vielleicht sogar *Rhododendron hirsutum* oder *Rhododendron ferrugineum* runden den Hintergrund ab.
Eine sehr gute Wirkung erzielen wir durch die Unterpflanzung einer Alpenwaldrebe, die wir direkt in die Berglatschen hineinranken lassen. Ihre blauweißen, nickenden Blüten überdecken das dunkle Grün der Bergkiefern, ohne der Kiefer zu schaden.
Die Rückseite des Steingartens läßt man bei knappen Platzverhältnissen mit einer ca. 1 m hohen **Abschlußmauer** (siehe S. 40) enden. Je nach Lage kann man natürliche Höhenunterschiede einarbeiten, um das ganze Gelände so dynamisch wie möglich zu gestalten. Die Rückseite der Mauer sollte sehr sorgfältig gebaut werden. Erstens muß das Erdreich der entsprechend hohen Steingartenrückseite gehalten werden, und zweitens sollte man die Felsen stets so plazieren, daß sie ohne Zementhilfen einen festen Halt haben.
Die Rückseite, die ja bis auf die Abendstunden von der Sonne kaum erreicht wird, ist praktisch der Platz für interessante schattenliebende Pflanzen, die aber auch zumindestens im Frühjahr und Herbst fast ausnahmslos eine hohe Bodenfeuchtigkeit benötigen. Deshalb müssen wir die zur Nordseite reichende Erdmischung mit einem wesentlich größeren Anteil von wasserhaltendem Torf oder Moos anreichern. In die nach Norden liegenden Felsspalten, die wir mit gutem Kompost und Torf ausgefüllt haben, setzen wir kleine Farne, Haberleen und Ramondien. *Ramonda,* auch genannt der »Felsenteller«, ist eine immergrüne Rosettenstaude, ursprünglich tropisch wie unser Usambaraveilchen.
Die behaarten Laubrosetten, die bis 25 cm breit werden können, wirken am besten, wenn sie senkrecht in die Felsritzen gepflanzt werden. Schon ohne Blüten sind sie schön. Wenn *Ramonda myconi* ihre violettblauen Blüten öffnet und von den

letzten Strahlen der schon untergehenden Sonne knapp erreicht wird, erleben wir eine Schattenromanze, wie sie nicht schöner sein kann. Hier ist auch der richtige Platz für den Schwalbenwurzenzian, *Gentiana asclepiadea,* eine der attraktivsten Gebirgsbewohner Mitteleuropas, eine besondere Zierde für unseren Steingarten. Direkt hinter dem Fels, in halbschattiger bis schattiger Lage, möglichst auf feuchten, humosen, lehmigen Stellen, gedeiht er am besten. Seine aufrecht stehenden, dicht beblätterten Stengel werden bis zu 60 cm hoch. In den oberen Blattachseln stehen die tiefdunkelblauen, meist bis zu 3 gebüschelten, glockigen Blüten. Hier pflanzen wir auch Soldanellen, z. B. *Soldanella montana* als die gartenwilligste. Bei sehr sorgfältiger Pflanzung gelingt es uns auch, den roten Steinbrech, *Saxifraga oppositifolia* (Sektion *Porphyrion*), mit Erfolg anzusiedeln. Am besten gedeiht er in möglichst gleichmäßig feucht bleibendem Feinschutt. Die schönste Sorte dieser Sektion ist die sehr großblütige *Saxifraga oppositifolia* 'Splendens' mit hellroten bis rosafarbenen, aufsitzenden, also stengellosen, Blüten, die in ihrem Blütenschmuck einem kleinen Rosenteppich ähnelt.

Der Übergang in andere Gartenteile

So, wie wir unseren Steingarten in einen passenden Hintergrund natürlich auslaufen lassen, verfolgen wir zumindest auf die Dauer auch die sehr reizvolle Aufgabe, auch nach den übrigen Seiten hin naturnahe Übergänge zu schaffen. Unter Einbeziehung der angrenzenden Grundstücke müssen wir unseren Garten dort öffnen, wo wir einen optischen Gewinn erzielen können. Andererseits bauen wir Kulissen, um Mauern, Garagen, um Gebäude wegzuretuschieren. Dann ist es an der Zeit, den Steingarten harmonisch in andere Gartenteile überfließen zu lassen oder dem ganzen Gelände einen großzügigen Steingartencharakter zu verleihen.

Was den Gärtner aus Liebe auszeichnet, ist die unendliche Geduld. Wie oft muß er jahrelang warten, bis aus einem Samenkorn eine blühende Pflanze entsteht. Allein *Gentiana lutea,* der große gelbe Enzian, benötigt bis zu 8 Jahre, bis er voll erblüht. Wie oft wird auch ein Pflanzplan, ein Beet, ja eine ganze Anlage wieder verworfen und neu angelegt, weil man neue Erkenntnisse sammeln konnte und man es dann garnicht abwarten kann, diese in die Tat umzusetzen. Für den Gärtner gibt es keine Langeweile, im Gegenteil, er ist immer in Zeitnot. Überall und zu jeder Zeit gibt es fruchtbare Anstöße. Jede Wanderung in der Natur ist für den Liebhaber von Pflanzen keine einseitige Bewegungstherapie sondern Schauen, Entdecken, Freuen und Lernen.

Trockenmauer mit Nelken, Primeln, Steinbrech, *Sempervivum.*

In manchen Gärten empfiehlt es sich, eine locker zusammengefügte Mauer zu schaffen, die Räume abgrenzen soll, und deren natürliche Bauweise mit unbehauenem Steinmaterial jegliche architektonische Strenge vermissen läßt. Hierbei vermeidet man tunlichst jede Verwendung von Mörtel. Vielmehr werden die Räume zwischen den einzelnen Steinen mit Moos und Erde so geschickt ausgefüllt, daß die aus Stabilitätsgründen leicht nach rückwärts geneigten Wände eine geradezu ideale Ansammlung von Pflanzflächen für unsere Wildstauden bieten. Die relativ senkrechte Wandfläche sorgt für einen guten Wasserabfluß und das eingearbeitete Sumpfmoos für eine ausreichende Speicherung der von unseren Pflanzen benötigten Feuchtigkeit. Wenn kein Moos vorhanden ist, kann man die lehmige Erde auch mit langfaserigem Torf anreichern.
An **Steinmaterial** wählt man am besten sogenannte Bruchsteine, das heißt, daß wir es mit verschiedenen Größen von Steinen zu tun haben. Die gleiche Mauer baut man an der Gegenseite so, daß sich beide Seiten letztendlich stützen. Die Stärke

der Trockenmauer, besser Pflanzmauer genannt, richtet sich nach deren geplanter Höhe, da sich durch die entgegengesetzte Schräglage beider Seiten die gesamte Trockenmauer nach oben verjüngt. Ein Fundament, wie wir es bei zementierten Mauern kennen, ist nicht erforderlich, da wir die »Trockenmauer« kaum höher als 1 m bauen. Als Unterlagen dienen lediglich die größten uns zur Verfügung stehenden Steine, die wir in einer festen Sandschicht flach lagern und mit Wasser gut einspülen. Daß wir auch für die Trockenmauer ein einheitliches Steinmaterial verwenden, ist sicher verständlich. Die Auswahl der zu verwendenden Steinart richtet sich meist nach den örtlichen Verhältnissen. Wir nehmen schon aus Kostengründen, was die Natur zu bieten hat. In Baustoff handlungen kann man aber auch aus Steinbrüchen gewonnenes Plattenmaterial erwerben, das den optischen Wert der Trockenmauer entscheidend verbessern kann.

Die **Pflanzenauswahl** für die Trokkenmauern entspricht im wesentlichen der für den Steingarten. Große polsterbildende Pflanzen sind für die Sonnenseite jedoch zu bevorzugen, da sie eine stärkere Flächendeckung erzielen. Hierdurch verringern wir aber wiederum die mögliche Vielfalt, die wir allein durch die vielen kleineren Polsterpflanzen, Schafgarben, Nelken, Steinkräuter, Glockenblumen, erreichen können.

Trockenmauer, Ansicht

Trockenmauer, Schnitt

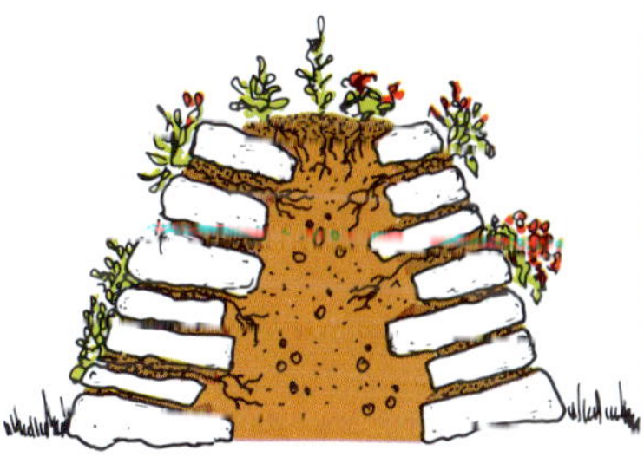

Trockenmauerwall, Schnitt

Die Trockenmauer und der Trockenmauerwall zur Abgrenzung von Räumen.

Terrassenbeet im Frühjahrsflor mit vorwiegend Aubrietien und Steinkraut.

In Gartengrundstücken, die durch Gebäude, Mauern und Zäune stark eingeengt sind, sollte man auf naturnahe Gestaltungen verzichten. Hier gilt es vielmehr, die architektonischen Gegebenheiten als Leitlinien anzusehen. Höhen und Tiefen, die sich aus dem Aushub der Kellerräume ergeben, bieten interessante Ansätze beispielsweise für den Bau von Treppen, die man auf beiden Seiten mit einem Schichtmauerwerk einfassen kann. Dadurch ergeben sich Terrassenbeete, die man in beliebiger gradliniger Form anlegen kann, und die wiederum für tiefergelegene Wege und Rasenflächen Ordnungselemente darstellen. Häuser, die durch eine künstliche Hochlage kleine Hanglagen anbieten, kann man durch ein-, zwei- und dreistufige Terrassenbeete umgeben. Die öffnenden Treppen zum Vorder- und Hintergarten ergeben zusammen mit den Terrassenbeeten eine Fülle hochinteressanter Pflanzflächen nach allen Himmelsrichtungen. Die höhergelegene Sitzterrasse, nach dem Süden oder Südosten liegend, bietet weitere Varianten in der Gestaltung. Plattenwege können stufenweise oder als Schrittplatten zu einem kleinen

Gestaltungshinweis für ein Terrassenbeet.

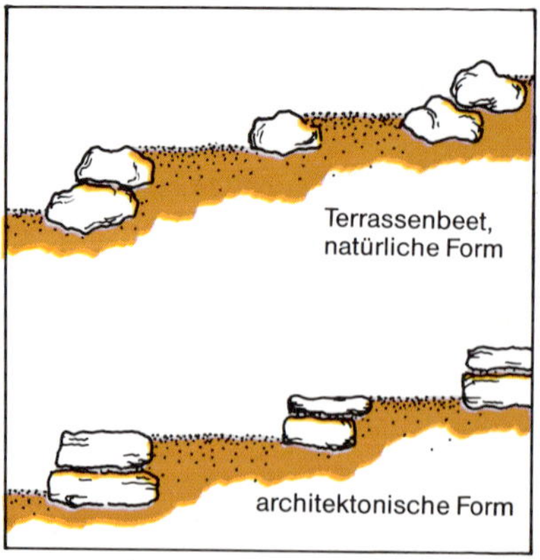

Terrassenbeete

Teich führen, dessen Umrandung durch höhergelegene einstufige Terrassenbeete eine reizvolle Abgrenzung bietet.
Terrassenbeete, kleine Mauern und Treppen, die eigentliche Sitzterrasse und der kleine Teich sollten zunächst auf einem Gesamtplan genauestens eingezeichnet werden. Wer einfach darauf losbaut, wird meist in 1–2 Jahren alles wieder einreißen, weil die Proportionen nicht stimmen, der Teich zu hoch angesiedelt ist, die Bäume viel zu dicht stehen usw. Durch Planung wollen wir einmal die bewußte Linie in unserem Garten erzielen aber auch Überlegungen anstellen, was unsere Wünsche an Material und Pflanzen in etwa kosten werden. Für den richtigen Hobby-Gärtner sind Änderungen und Verbesserungen sowieso eine jährlich wiederkehrende Dauerbeschäftigung und echte Erfüllung.

Zur **Bepflanzung** der Terrassenbeete können wir praktisch der ganzen Familie der Wildstauden die Tore öffnen. Zum Süden und Südosten geneigte Beete, die pro Stufe wenigstens 80 cm breit sind, pflanzen wir zur Vorderseite hin niedrige Polsterpflanzen, die sich weit über die Mauerränder zu blühenden Kaskaden auswachsen. Zur Verfügung stehen uns die schönsten Sorten von *Alyssum,* dem gelb blühenden Steinkraut, das große gärtnerische Angebot der *Aubrietia,* dem Blaukissen, die wunderschönen Arten der niedrigen Phloxe mit ihren weißen, rosa und roten Blüten, verschiedene Sorten von *Saponaria,* dem Seifenkraut, und viele mehr. Im Gegensatz zu den Empfehlungen zum Natursteingarten können wir je nach Ort und Lage auch höhere Wildstauden setzen, zumal wir die Strenge unseres Gartens durch eine möglichst vielfältige Flora weitgehend mildern wollen.
Dieses Planen, Bauen und Pflanzen ist ein Dauererlebnis. Selbst im Winter, wenn der Schnee alle unsere Treppen, Mauern, Felsen, Gräser und Koniferen zugedeckt hat, wirkt unser neuer Garten wie eine Märchenlandschaft. Im Februar können schon die ersten Blüten erscheinen, zusammen mit dem großen Heer der kleinen Narzissen, Tulpen, Krokusse und Schneeglöckchen. Den ganzen Winter freuen wir uns auf den Frühlingsanfang in unserem Garten.

Tröge und Schalen

In der freien Natur entdecken wir oft in luftiger Höhe an steiler Felswand wahre Blütenidylle von ganz besonderem Reiz. Zwergglockenblumen, wie z. B. *Campanula cochleariifolia,* stehen in reinem Felsschotter oder lugen mit ihren im Winde zitternden blauen Blütchen hinter einem kantigen Felsen hervor. In unmittelbarer Nachbarschaft finden wir eine kleine, nur 15 cm hohe, seidig behaarte, weißblühende Schafgarbe, *Achillea clavenae,* neben ihr *Salix reticulata,* die Netzblättrige Weide, ein niederliegender Zwergspalierstrauch und *Daphne striata,* das kahle Steinrösel, nur 10–15 cm hoch, mit seinen wunderbar duftenden, rosa aufsitzenden, kleinen Blütchen. In dieser Höhe von 2000–2500 m in Fels und Schotter finden wir auch eine weitere Vielzahl typischer Felsbewohner in ungezwungener Lebensgemeinschaft. Keine Pflanze behindert den Lebensraum der anderen. Sie passen sich vielmehr gegenseitig an und ergänzen sich zumindest in der Schönheit ihres Blütenflors. Kleine, zwergige Berglatschen oder andere, in der Kargheit des mageren Schotterbodens zurückgebliebene oder durch den Bergwind arg zerzauste Kiefern vollenden den Wild-

Sandsteintrog, mit verschiedenen *Sempervivum*-Arten bepflanzt.

reiz dieser kleinen Hochgebirgsbewohner.
Solche Idylle selbst zusammenzupflanzen, ein naturähnliches alpines Kleinmodell zu gestalten, erfordert schon fortgeschrittene Kenntnisse. Die Engländer sind bisher die unbestrittenen Könige in der Gestaltung dieser alpinen Kleingärten, die wir auch Troggärten nennen.
Der Trog, soll er unserer Pflanzung den zünftigen Rahmen geben, kann oder muß grob, felsig, urig sein. Die alten, von Hand gehauenen Steintröge der Landwirtschaft, aus denen früher das Vieh getränkt und gefüttert wurde, sind besonders reizvoll. Der Nachteil ist jedoch das Gewicht und in der heutigen Zeit größtenteils der Beschaffungspreis. Sollte es uns trotzdem gelingen, einen oder mehrere solcher Tröge zu erwerben, suchen wir uns einen geeigneten Aufstellplatz, eventuell auf einer Mauer, so daß wir in ca. 80 cm Höhe die Pflanzen stets bequem anschauen können.
An der tiefsten Stelle des Trogs schaffen wir ein genügend großes Abflußloch, über das wir einige größere Steine legen, damit der Abfluß durch später herabdringende Erde nicht verstopft werden kann. Dann füllen wir den Trog bis zu $^{1}/_{4}$ Höhe mit Kiesel von ca. 10–20 mm Durchmesser und decken darüber eine 1–2 cm Schicht von Sphagnum (Sumpfmoos). Hierauf füllen wir die eigentliche Pflanzerde auf, bei der wir den Sandanteil entsprechend

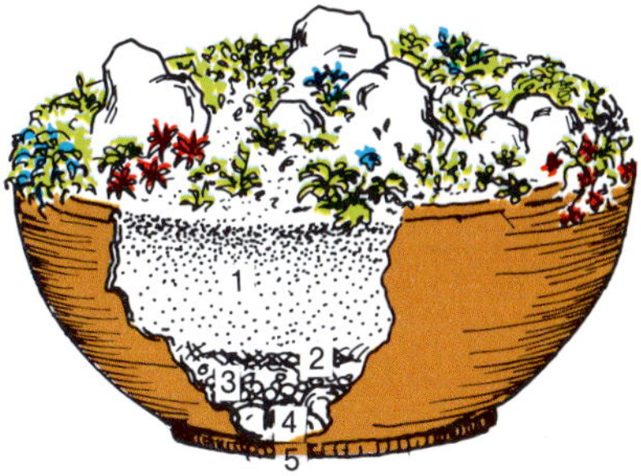

1 $^{1}/_{3}$ alte humose, lehmige Komposterde, $^{1}/_{3}$ gesiebter Torf, $^{1}/_{3}$ scharfer Flußsand
2 langfaseriger Torf oder Sumpfmoos
3 Kies 10–20 mm ⌀
4 Steinbrocken
5 Loch für Wasserabzug

den Ansprüchen der zu pflanzenden Wildstauden erhöhen oder reduzieren können.

Als durchschnittliche Erdmischung ist zu empfehlen: $^{1}/_{3}$ alte humose, lehmige Komposterde, $^{1}/_{3}$ ungedüngter dunkler Torf, $^{1}/_{3}$ scharfer Flußsand.

Mit besonders ausgewählten kleinen, der Troggröße entsprechenden Felsbröckchen können wir verschieden hohe Pflanzebenen schaffen. Den Platz zwischen den Pflanzen füllen wir mit kleinerem Steinmaterial aus. Die letzten noch sichtbaren Erdflächen bedecken wir mit Steinsplit oder Kies. Auch kleine verblichene Wurzelstücke fördern den Wildnischarakter unseres Troges.
Für **kalkfliehende Pflanzen** suchen wir uns einen Trog aus Sandstein oder anderem Urgestein. Man kann derartige Tröge auch aus größeren Felsbrocken heraushauen, wenn

Tröge und Schalen

man einen ausgesprochen klassischen Trog besitzen möchte.
Für **Urgesteinspflanzen** nehmen wir möglichst kalkfreie Erde, Urgestein und Quarzsand. Urgestein, Gneis, Glimmer, Eruptionsgestein wirken oft noch attraktiver als Kalksteine. Leider ist dieses Material um so schwerer erhältlich.
Wenn Sie vor den Kosten eines sogenannten »echten« Trogs zurückschrecken, was durchaus verständlich ist, verbleibt Ihnen eine ausreichende Möglichkeit von sehr brauchbaren Alternativen. Eternitschalen, Material aus sogenanntem Kunststein, Balkonkästen aus Eternit oder auch aus Holz tun die besten Dienste. Wenn der sogenannte zünftige Außenrahmen der »echten Tröge« fehlt, tritt die Bepflanzung und die Gestaltung in einfacherem Material viel stärker hervor. Wenn wir z. B. Balkonkästen verwenden (sie sollten so breit wie möglich sein), haben wir die Möglichkeit, mehrere nebeneinander zu stellen, so daß wir auch auf unserem Balkon, auf unserer Terrasse, einen richtigen Miniatur-Steingarten anlegen können. Auch in diesem Fall wollen wir die Kästen möglichst nicht zu niedrig plazieren, damit wir unsere Schätze stets gut betrachten können. Für größere Eternitschalen haben wir vielleicht auf unserer Terrasse oder neben dem Wasserbecken einen besonders geeigneten Platz. Eine Schale, etwa von einem Durchmesser bis zu 1,50 m zu gestalten, bringt unwahrscheinlich viel Freude. Hierbei kann man sehr viel in die Oberflächengestaltung und die Zusammenstellung der Pflanzen hineinlegen, wenn wir geeignetes Material zur Hand haben. Deshalb immer wieder an die Reihenfolge denken: Planen, Beschaffen, Gestalten.
Für die Bepflanzung von Trögen und Schalen eignen sich nur bestimmte Pflanzen. In der nachfolgenden Zusammenstellung der Pflanzen und Koniferen für unseren Steingarten sind die für Trog und Schalen empfohlenen Arten aufgeführt.

Pflanzen für Tröge und Schalen

Nadelgehölze
Juniperus communis 'Compressa'
Picea glauca 'Laurin'
Pinus nigra 'Helga'

Laubgehölze
Cytisus decumbens
Iberis saxatilis
Moltkia petraea

Stauden
Acantholimon olivieri
Achillea × *kolbiana, A. umbellata*
Alyssum montanum, A. serpyllifolium
Anacyclus pyrethrum var. *depressus*
Androsace primuloides, A. sarmentosa, A. sempervivoides
Aquilegia flabellata (A. akitensis), A. discolor
Arabis blepharophylla, A. bryoides
Armeria juniperifolia, A. × *sündermannii*
Arenaria tetraquetra
Asperula arcadiensis, A. hirta, A. lilaciflora, A. nitida
Aubrietia-Sorten

Ein Sandsteintrog am Teichrand.

Campanula glomerata 'Acaulis', *C. portenschlagiana, C. pulla*
Convolvulus boissieri (C. nitidus)
Dianthus petraeus, D. freynii, D. microlepis, D. subacaulis
Draba aizoides, D. bruniifolia, D. bryoides var. *imbricata*
Eritrichum rupestre (E. strictum)
Erinus alpinus
Erysimum kotschyanum, E. rhaeticum (E. pumilum)
Gentiana acaulis, G. clusii, G. verna, G. farreri
Geranium dalmaticum, G. farreri
Globularia repens
Gypsophila aretioides
Helichrysum milfordiae
Leontopodium alpinum
Micromeria croatica, M. microphylla
Origanum-Arten
Penstemon caespitosus, P. newberryi, P. pinifolius
Petrocallis pyrenaica
Potentilla nitida
Primula auricula, P. hirsuta
Saponaria × olivana, S. 'Bressingham'
Saxifraga aizoides, S. paniculata (S. aizoon), S. cochlearis, S. crustata; Sorten der Sektionen Kabschia, Engleria sowie deren Hybriden für halbschattige Plätze
Sedum, schwachwachsende Sorten
Sempervivum arachnoideum, S. montanum
Silene elisabethae
Veronica fruticans

Gräser
Alopecurus lanatus
Carex buchananii, C. firma 'Variegata'
Festuca glacialis

Farne
Asplenium septentrionale
Ceterach officinarum

Pflanzenauswahl

Im Rahmen dieses Buches soll dem Hobbygärtner ein möglichst großer Einblick in das Reich der Laubgehölze und Halbsträucher, der zwergigen Nadelgehölze (Koniferen), der Wildstauden, Gräser und Farne, sowie der Zwiebel- und Knollengewächse vermittelt und gleichzeitig Hinweise für die Bepflanzung seines zukünftigen Gartenparadieses gegeben werden.
Vielleicht hat es den aufmerksamen und interessierten Leser kaum gestört, daß neben der deutschen Bezeichnung auch die botanischen Namen Eingang finden, die entweder der lateinischen oder griechischen Sprache entstammen. Der botanische oder wissenschaftliche Name ermöglicht die klare Verständigung der Botaniker, also auch der Hobby-Gärtner, in der ganzen Welt. In der Regel haben wir es mit zwei botanischen Namen zu tun, dem Namen der Gattung und der Art. Der botanische Name für die Gruppe der Enziane-Gattung, heißt *Gentiana;* stengellos = *acaulis* ist eine Art dieser Gattung. Der Gesamtname für den Stengellosen Enzian: *Gentiana acaulis.*
Der erste Name, Gattung, wird stets groß, die zweite Bezeichnung, die Art, wird klein geschrieben. Unterarten haben hinter dem Artnamen eine sogenannte Rangstufenbezeichnung (ssp. = subspecies = Unterart, var. = varietas = Varietät). Züchtungen bezeichnen wir als Sorten.

Es ist sehr empfehlenswert, sich neben den deutschen Namen auch die botanischen Namen genauestens einzuprägen, damit Sie bei Bestellungen von Pflanzen oder Samen und nicht zuletzt auch im Gespräch mit Hobbyfreunden fachlich stets richtig liegen und überzeugen können. Die spätere Etikettierung (= Bezeichnung) Ihrer Pflanzenschätze bietet Ihnen die erste Voraussetzung für die richtige und sachgemäße Behandlung und Pflege Ihrer Lieblinge.

Nadelgehölze

Nadelgehölze (Koniferen) sind im Steingarten genauso schwerpunktbildend wie große Felsen. Fels und Konifere, als sich ergänzende Gestaltungselemente, ergeben außerordentliche Blickpunkte aber auch Anregungen für die nachbarliche Bepflanzung. Deshalb sollten wir unmittelbar nach der Errichtung unseres Steingartens als erstes Koniferen pflanzen.
Die Wahl der Arten und Sorten richtet sich nach dem natürlichen Charakter des zukünftigen Steingartens. Je kleiner der Steingarten, desto weniger Arten und Sorten sollten wir einplanen. Bezüglich des Standortes unterscheiden wir zwischen den im Steingarten zu bildenden Schwerpunkten und einer möglichst geschlossenen Bepflanzung eines Hintergrundes. Das heißt, für

den Steingarten wählen wir ausgesprochene Zwergsorten. Für den Hintergrund kommen mittelgroße, bis 2 m hoch werdende Bergkiefern oder ähnliche Formen in Frage. Für Anschlußpflanzungen ist die Größe des Gartens und die Gesamtplanung richtungsweisend.

Abies, Tanne

A. balsamea var. *hudsonica,* Zwergform mit dichtstehenden, kurzen Zweigen, schwarzgrün, unterseits blaugrün, breit wachsend.
A. balsamea 'Nana', ausgesprochene Zwergform, langsam wachsend, Nadeln dunkelgrün, unterseits blauweiß.

Juniperus, Wacholder

Eine für den Steingarten besonders reizvolle zwergige Form von *J. communis* ist *J. communis* 'Compressa'. Schon in einer Höhe von nur 50 cm wirkt die blaugrüne Wacholdersäule wie ausgewachsen. Sie wächst so langsam, daß man es kaum wahrnehmen kann. 1 oder 2 größere Exemplare mit kleineren zusammengepflanzt ergibt ein natürliches Familienbild dieser außerordentlich interessanten Zwergform. Sie wird ca. 1 m hoch und 20 cm breit.
J. communis var. *depressa* 'Aurea', eine niederliegende Form, deren Neutriebe goldgelb sind.
J. communis 'Hornibrookii', mit einer Wuchshöhe von 50 cm ist ebenfalls niederliegend und von interessantem Wuchs.
J. communis 'Nana Aurea', eine sehr schöne, niederliegende Zwergsorte, deren Nadeln unterseits eine goldgelbe Färbung haben.
Etliche Zwergsorten gibt es auch von *J. virginiana,* so zum Beispiel 'Nana Compacta' und 'Reptans'.

Gruppe von *Juniperus communis* 'Compressa'

Microbiota, Microbiota

M. decussata, eine Neuheit aus Sibirien, wächst in die Breite, hat überhängende Triebspitzen, Höhe 10 cm. Im Winter ändert sich das frische Grün der Benadelung in ein stumpfes Kupferbraun. Im Alter bis 2 m breit.
Interessante Konifere, die wir an einen möglichst großen Felsen in etwas höherer Lage anlehnen, damit wir einen attraktiven Blickpunkt erzielen.

Picea, Fichte

Außerordentlich große Gruppe mit sehr unterschiedlichen Wuchsformen. Wir interessieren uns für schöne zwergige Sorten.
P. abies (P. excelsa) 'Mariae-Orffiae', sehr zwergige Fichte, niedrige Kugelform mit 1 cm langen, gelbbraunen Trieben. Ebenfalls niedrig bleiben die Formen 'Maxwellii', 'Nana', 'Nidiformis', 'Pumila Glauca', 'Pygmaea'.
P. glauca 'Conica', Zuckerhutfichte, dichte Kegelform, wächst langsam, wird 3 m hoch. Nur für Einzelstellung.
P. glauca 'Laurin', Zwergzuckerfichte, sehr langsamer, pyramidaler Wuchs, eine besonders schöne Zwergkonifere.
P. mariana 'Nana', eine Zwergform der Schwarzfichte. Wuchs breitkugelig, 50 cm.
P. pungens 'Glauca Globosa', wunderschöne Zwergform der Stechfichte, blau gefärbt, flach kugeliger Wuchs, bis 1 m hoch werdend. Für größere Anlagen.

Pinus, Kiefer

Von besonderem Interesse sind die Bergkiefern.
P. mugo (P. montana), 3–4 m hoch werdend, Hintergrundpflanzung
P. mugo ssp. *mugo,* 2 m hoch.
P. mugo ssp. *pumilio,* Zwergkiefer, nur 1 m hoch werdend.
Bei kleineren Anlagen empfiehlt es sich, ältere und groß gewordene

Pinus mugo ssp. *pumilio,* Zwergkiefer

Exemplare auch von *P. mugo* ssp. *pumilio* herauszunehmen und vor den Steingarten zu setzen, wie wir das auch in der freien Natur kennen (Latschenfeld).
P. pumila, Zwergkiefer, für kalkarme Böden.
P. pumila 'Glauca', Blaue Kriechkiefer, dichte, blaugrüne Nadeln, bis 1 m hoch werdend.
P. strobus 'Nana', Zwergsorte der Weymouthskiefer, breitwachsend, auffallend blaugrüne, lange, dichte Benadelung, 1–2 m, für feuchten Boden.
P. sylvestris 'Nana Hibernica', Zwergform der einheimischen Kiefer, bis 1 m hoch werdend.

Tsuga, Hemlocktanne

T. canadensis 'Jeddeloh', hübsche Zwergform mit graziös überhängenden Zweigen, bis 1 m hoch.

Pflanzenauswahl

Für den Steingarten interessieren uns lediglich Blüten- und Laubgehölze, die größen- und artenmäßig zu unseren Steingartenpflanzen passen, sie ergänzen und belebende Akzente bringen. Es ist also wichtig zu wissen, wie breit und hoch die von uns ausgewählten Gehölze werden und welche Ansprüche sie haben, damit wir ihnen den richtigen Platz im Steingarten geben können.

Acer, Ahorn

Wunderschön sind die Fächerahorne aus Japan. Sie gehören zu den klassischen Schönheiten kleiner und großer Gartenschöpfungen. Für den größeren Steingarten wählen wir die langsam und sehr gedrungen wachsenden Formen, die maximal eine Höhe von 1–2 m erreichen.
A. palmatum 'Dissectum Atropurpureum', Rotblättriger Schlitzahorn, die filigranhaften Blätter sind im Herbst von besonderer Leuchtkraft; 1,5 bis 2 m hoch werdend.
A. palmatum 'Dissectum Garnet', sehr schöne dunkelrote Belaubung, 1,5–2 m Höhe. Standort absonnig, sandig-humoser Boden.

Calluna, Besenheide

Um den Charakter des Steingartens nicht zu verwässern, pflanzen wir nur wenige Heidekräuter. Die Besenheide verlangt kalkarmen bis kalkfreien Boden. Sie blüht ab August/September bis weit in den Oktober hinein. In engster Nachbarschaft pflanzen wir zwergige Wildformen von *Rhododendron* und dazu chinesische Herbstenziane, die die gleichen Bodenansprüche haben.
C. vulgaris, Blüten rosa, in dichten Trauben, 30 cm, Blütezeit Juli bis September.
Weitere Formen bieten die Spezialgärtnereien.

Clematis, Waldrebe

Sommergrüne Sträucher, die mit Hilfe von Blattranken emporklettern.
C. alpina, Alpenwaldrebe, sehr reizvolle, über 2 m hoch kletternde Pflanze mit glockigen, 3–4 cm langen, blauweißen, nickenden Blüten. Wir pflanzen sie direkt unter eine Kiefer der Hintergrundbepflanzung.

Clematis alpina, Alpenrebe

Schon nach kurzer Zeit überklettert sie die Kiefer bis in 2 m Höhe und überschüttet sie mit ihren hübschen Blüten, ohne daß die Kiefer Schaden nimmt.
C. integrifolia, die aufrechten Triebe mit den eiförmigen Blättern werden bis zu 60 cm hoch. Von Juni bis September schmückt sie sich mit einzelstehenden glockenförmigen, stahlblauen Blüten, die von den ebenso interessanten silbergrauen Samenständen abgelöst werden.

Cytisus, Geißklee, Ginster

Von besonderem Reiz für den Steingarten sind die zwergigen Arten mit ihren leuchtenden gelben und goldgelben Blüten.
C. decumbens, 10 cm, Blüten goldgelb im Mai/Juni.
C. × kewensis, 30 cm, Blüten rahmweiß bis schwefelgelb; breit wachsend, sehr schön.

Daphne, Seidelbast

Der Seidelbast verträgt nicht nur schattige Lagen, sondern, je nach Bodenfeuchtigkeit, auch sonnige Plätze in steinigen, kalkhaltigen Böden.
D. arbuscula, liebt sonnige, nicht zu feuchte Plätze, Blüten lilarosa von Mai bis August, 25–30 cm hoch.
D. blagayana, für Halbschatten in lockerem Humus, 20–30 cm, niederliegend, Blüten rahmweiß im März/April.

Daphne cneorum 'Major', Rosmarinseidelbast

D. cneorum, Rosmarinseidelbast, 25–30 cm, mit rosafarbenen, stark duftenden Blüten im April/Mai. Sehr schön in der Zusammenpflanzung mit *Gentiana acaulis.* Besonders gut wachsend und reichlich blühend die Sorte *D. cneorum* 'Major'.

Dryas, Silberwurz

Dauerhafte Steingartenpflanze, immergrüne Blätter, niederliegend, anemonenartige Blüten. Standort: Volle Sonne, steiniger, durchlässiger, kalkhaltiger Boden.
D. drummondii, 10 cm, Blüten gelb, nickend, Blütezeit Juni/Juli.
D. octopetala, 10 cm, große Matten bildend, liegend, mit weißen Blütenschalen im Mai.
D. × suendermannii, sehr wüchsig, cremegelbe Blüten. Wertvolle Hybride und Züchtung zwischen *D. octopetala* und *D. drummondii.*

Erica, Glockenheide

Es ist ein wunderschönes Erlebnis, wenn schon im Dezember oder Anfang Januar die leuchtend rosafarbenen Blüten der Schneeheide aus der Schneedecke hervorlugen. Wir empfinden es wie einen ersten Vorfrühlingsgruß, bis der Schnee wieder alles unter einem neuen, dichten Mantel versteckt.
E. herbacea (E. carnea), Schneeheide. Ihre Schönheit unterstreichen wir, wenn wir sie mit der Zwergkiefer, *Pinus mugo* ssp. *pumilio,* zusammenpflanzen, möglichst direkt vor einem besonders schönen Felsbrocken. Die Schneeheide verträgt steinigen, durchlässigen Kalkboden, dem wir aber etwas Torf beifügen sollten.
Nachfolgende Gartenformen verdienen unser Interesse: 'Rubra', Blüte intensiv rot, 15 cm; 'Springwood', Blüte weiß, 30 cm; 'Vivellii', Blüte karminrot, 15 cm; 'Winter Beauty', besonders wertvolle Sorte, Blüte dunkelrosa, 15 cm.

Erica herbacea, Schneeheide

Helianthemum, Sonnenröschen

Ganz entzückend sind diese sommerblühenden kleinen Halbsträucher mit ihren weißen, gelben, orange und roten Blüten. Standort in leichtem, durchlässigem Humusboden.
H. canum, 15 cm, dunkelgelb.
H. cumulatum, 10 cm, goldgelb.
H. macedonicum, 5 cm, goldgelb.
H. nummularium, 5–10 cm, gelb.
H. oelandicum ssp. *alpestre,* niedrig wachsend, Blüte goldgelb.
Weitere prachtvolle Hybriden siehe Angebote der Gärtnereien.

Hypericum, Johanniskraut

Gelbblühende, durch feinstrahlige Staubfäden besonders attraktive Sommerblüher.
H. calycinum, 30 cm, für größere Flächen.
H. cerastoides, 10–15 cm.
H. coris, 15–25 cm, für sonnigen Stand.
H. olympicum, 30–40 cm.
H. polyphyllum, 15 cm, reich blühend, in dichten Trugdolden.

Iberis, Schleifenblume

Immergrüne Polster und Horste, die zu unseren schönsten und dankbar-

Iberis saxatilis, Schleifenblume

sten Steingartenpflanzen zählen. Im Frühling sind sie übersät mit ihren herrlichen weißen Blüten. Die Nachblüte einiger Sorten hält bis zum Winteranfang.
I. saxatilis, 10 cm, reich blühend.
I. sempervirens, 30 cm, sehr wüchsig.
Dazu die Sorten 'Schneeflocke', großblumig, 25 cm, bildet breite Kissen, und 'Zwergschneeflocke', Blüte zierlicher, nur 15 cm hoch.

Moltkia, Moltkie

Halbsträucher oder Stauden mit wunderbar leuchtenden blauen Blüten und rauhhaarigen Blättern. Für sehr sonnige und trockene Stellen in Felsritzen und im Geröll.
M. × intermedia, dunkelblaue Blüten in Wickeltrauben, 20 cm, Blütezeit Juni/Juli.
M. petraea, Halbstrauch, 20–25 cm, Pflanze seidig behaart, Blüten violettblau in verzweigten Wickeln.
M. suffruticosa (M. graminifolia), dichtrasig wachsender Halbstrauch, 25–30 cm, Blüten azurblau in verzweigten Wickeln.

Rhodothamnus, Zwergalpenrose

R. chamaecistus, ein zarter Zwergstrauch, von unwahrscheinlicher Lebenskraft, der im Gebirge in Felsspalten, schattigen Geröllhalden, im Gebüsch der Legföhren bis in Höhen von 2500 m seine wunderschönen rosaroten, flachschaligen Blüten entfaltet. Nur 10–30 cm wird er hoch. Wir pflanzen ihn in kalkhaltigen, mit Moorerde angereicherten, steinigen, durchlässigen Boden an absonniger Stelle, am besten an die Ostseite eines Felsens, und freuen uns im Mai an seinen Blüten.

Rhodothamnus chamaecistus, Zwergalpenrose

Pflanzenauswahl

Was sind Stauden?

Gegenüber den einjährigen Pflanzen (den sog. Sommerblumen) sind Stauden mehrjährig. Sie bilden dichte oder lockere Polster, sind flachliegend oder kriechend, bilden Horste oder Rosetten, überdauern mehrere Winter. Sie gedeihen in voller Sonne und im tiefsten Schatten. Sie blühen in den ersten Tagen des Vorfrühlings bis zum Wintereinbruch.

Acaena, Stachelnüßchen

Immergrüner, anspruchsloser Bodendecker, ca. 10 cm hoch wachsend, geeignet zum Überwachsen von zwergigen Blumenzwiebelhorsten. Die Blüten sind unscheinbar.

Achillea tomentosa, Schafgarbe

Acantholimon, Igelpolster

Südosteuropa und Kleinasien. Sehr wirkungsvolle, ca. 10 cm hohe, stachelige Polsterstaude. Liebt vollsonnigen, sehr trockenen Standort, volle Südseite bei bester Dränage (Kalkschotter). Jungpflanzen in Töpfen sind zu bevorzugen.
A. glumaceum, dunkelgrünblättrig, Blütenähren rosarot im Juni.
A. olivieri, Blüten rosarot.
A. ulicinum (A. androsaceum), graugrün, kurzblättrig, Blüten rosarot.

Achillea, Schafgarbe

Anspruchslose Frühjahrs- und Sommerblüher mit doldigen Blütenständen.
Bis ca. 20 cm hoch werdende, weiß blühende, polsterbildende Arten:
A. ageratifolia, A. canescens, A. conjuncta, A. clavenae (nicht sehr langlebig), *A.* × *kolbiana, A. serbica, A. umbellata.*
Gelb blühend: *A. chrysocoma,* 15 cm und *A. tomentosa.* Letztere ist besonders schön, nur 10–15 cm hoch, Blüten goldgelb; volle Sonne, sehr robuste Pflanze.

Aconitum, Eisenhut

Gebirgspflanze der Alpen. Über 100 cm hoch werdend, für halb- bis vollschattige Hintergrundbepflanzungen. Zwischen oder vor Koniferen (Nadelgehölzen) auf frischem bis feuchtem, torfigem Humusboden.

Aconitum fischeri, Eisenhut

A. × *cammarum* 'Bicolor', über 100 cm, Blüten blauweiß im August/ Oktober.
A. carmichaelii var. × *arendsii,* 80–100 cm, Blüten dunkelblau, Blütezeit September/Oktober.
A. fischeri, 120–150 cm, Blüten sehr groß, violettblau, Blüte August/ Oktober.
A. napellus, über 100 cm, Blüten intensiv blau im August/Oktober.
A. carmichaelii var. *wilsonii,* 150 cm, Blüten amethystblau im August/ Oktober.

Adonis, Adonisröschen

Europa, Asien, läutet den Frühling ein mit großen, leuchtend gelben Blüten.
A. amurensis, Mandschurei, etwa 25 cm hoch werdend, gehört mit dem Winterling, *Eranthis,* zu den ersten Frühlingsboten. Ihre goldgelben Blütenschalen erscheinen vor dem Blattaustrieb. Die Blätter sind fein gefiedert und ziehen im Juni wieder ein. Standort absonnig, frischer bis feuchter, durchlässiger Humusboden. Vorsichtige Teilung nach der Blüte.
A. amurensis 'Pleniflora', Blüte dichtgefüllt, goldgelb, zusammen mit den Blättern austreibend.
A. vernalis, Europa, Sibirien, etwa 25 cm hoch, Blüten groß, goldgelb, Blätter fiederteilig. Ein absoluter Schwerpunkt für den Steingarten in den ersten Frühlingstagen. Standort: Südseite, in humosem, durchlässigem Boden.

Aethionema, Steintäschel

Mittelmeer, holzige Pflanzen mit blaugrünen nadelförmigen Blättchen, ca. 20 cm, blühen im Mai/Juli, volle Sonne, sandig-humoser Boden.
A. grandiflorum, Blüten lilarosa.
A. × *warleyense* 'Warley Rose', Blüten leuchtend rosa.
A. 'Warley Ruber', Blüten leuchtend dunkelrosa.

Alyssum, Steinkraut

Mittel- und Südeuropa. Ausgezeichnete Kräuter und Halbsträucher mit strahlend gelben Blüten für die Südseiten des Steingartens und der Trockenmauer zwischen blauen Aubrietien.

Alyssum moellendorfianum, Steinkraut

A. moellendorfianum, 10–15 cm, Blütezeit Mai/Juni.
A. montanum 'Berggold', 15 cm, Blüte Mai/Juni.
A. saxatile 'Citrinum', 30 cm, schwefelgelbe Blüten im April/Mai.
A. saxatile 'Compactum', Wuchs gedrungen.
A. serpyllifolium, reizende, nur 10 cm hohe, kriechende, im Mai hellgelb blühende Felspflanze für trockene, sonnige Lage im Fels oder Schotter.

Anacyclus, Marokko-Kamille, Ringblume

A. pyrethrum var. *depressus,* Nordafrika, ein Sonnenkind für trockene Lagen auf der Südseite. Sie ist mit der Schafgarbe verwandt. Auf den fiederteiligen, nur 5–10 cm hohen, silbrig-grauen Blättern sitzen die unterseits rot angehauchten, weißen, strahlenden Margeritenblüten, die sich bei Sonnenschein im schönsten Weiß zeigen. Sie ist etwas kurzlebig, sät sich aber selbst aus, ohne lästig zu werden.

Anaphalis, Perlkörbchen

Robuste, graublättrige Staude mit strohblumenähnlichen Blüten für einen trockenen Platz auf der Südseite.
A. triplinervis, 20 cm hoch, Blüte weiß im Juni/Juli.
A. triplinervis 'Silberregen', 30 cm hoch, silbrig weiß, Blütezeit im September/Oktober.
A. triplinervis 'Sommerschnee', 20 cm hoch, Blüte weiß im Juni/Juli.

Androsace, Mannsschild

Europa, Asien. Die für den Steingarten besonders geeigneten problemlosen Arten sind Ausläufer bildende, relativ leicht wachsende, bis 10 cm

Androsace sempervivoides, Mannschild

hoch werdende, reizende Gebirgspflanzen mit doldenförmigen Blütenständen ähnlich der Primel.
A. primuloides, 10–15 cm, dichte Rosetten bildend, Blüten rosa im Mai/Juni.
A. sarmentosa, 10–15 cm, Rosetten größer, seidig glänzend, behaart, Blüte rosa im Mai/Juni.
A. sempervivoides, 8–10 cm, kleine, halbkugelige Rosetten mit übereinander geschichteten Blättchen, Blüten rosa im Mai/Juni.
Alle lieben einen sonnigen, nicht zu trockenen Standort, jedoch in gut durchlässiger, sandig-humoser Erde. Die Vermehrung erfolgt durch Teilung nach der Blüte.

Anemone, Waldanemone

Frühjahrsblüher in Laubwäldern Europas, Halbschatten.
A. apennina, knolliger Wurzelstock, 15–20 cm hoch, Blüten himmelblau, Austrieb zusammen mit den Blättern im April/Mai.
A. apennina alba, Blüte groß, weiß, außen bläulich.
A. blanda, Griechenland, Kleinasien, 10–15 cm, knolliger Wurzelstock, Blätter geteilt, niederliegend, Blüten dunkelazurblau im März/April.
A. hepatica, siehe *Hepatica.*
A. nemorosa, Buschwindröschen, 10 cm, Blüten weiß im April/Mai.
A. nemorosa 'Robinsoniana', Blüte lavendelblau.
A. sylvestris, Europa, Sibirien, 30–40 cm hoch, Blüten 4–7 cm

Anemone blanda 'Radar'

groß, weiß im Mai/Juni, am besten zwischen Laubgehölzen und Koniferen.
A. pulsatilla, siehe *Pulsatilla.*
Weitere Gartensorten im Angebot der Spezialgärtnereien.

Antennaria, Katzenpfötchen

Geeigneter Teppichbildner mit weißfilzigen Blättern.
A. dioica, 5–15 cm hoch, Blüte rosa bzw. weiß im Juni/Juli.

Anthemis, Kamille

A. marschalliana (A. biebersteiniana), Mittelmeer, 25 cm, Blüten gelb im Mai/Juni.

Anthyllis, Bergwundklee

Alpen, Balkan; rasenartig wachsend.
A. montana, 10 cm hoch, Blüten karminrot im Sommer.

Pflanzenauswahl

Aquilegia, Akelei

Bis zu 100 cm hohe, Sonne und Halbschatten liebende Staude. Für den Steingarten sind die niedrigen Arten besonders geeignet.
A. flabellata (A. akitensis), Japan, 15 cm hoch, Blütenblätter blau, kurzgespornt, Honigblätter weiß, Blütezeit Mai/Juni.
A. discolor, Spanien, 12–15 cm hoch, Blütenblätter lichtblau, Honigblätter weiß, Blütezeit Mai/Juni.
A. einseleana, südliche Kalkalpen, 15–25 cm, Blüten klein, violett, kurzer Sporn, Blütezeit Mai/Juni.
A. flabellata var. *pumila,* Japan, 15 cm, Blüten lilablau, weiße Honigblätter, kurzspornig, Blütezeit Mai/Juni.

Aquilegia caerulea, Akelei

A. blepharophylla, Kalifornien, 10–15 cm hoch, Blüten karminrot im April, sehr schön.
A. bryoides, Griechenland, 3–5 cm, seidig behaarte Blätter, große weiße Blüten im Juli/August.
Weitere Arten und Sorten bieten die einschlägigen Gärtnereien.

Arabis, Gänsekresse

Europa, Nordafrika, Asien, Nordamerika.
A. aubrietioides, Türkei, 10–20 cm, lockere, größere Polster, Blüten rosa im Mai.

Arabis blepharophylla, Gänsekresse

Arenaria, Sandkraut

Sehr niedrige alpine Staude mit weißen Blütchen, nässeempfindlich. Standort am besten im Geröll oder direkt im Tuffstein.
A. balearica, 3–5 cm, *A. cretica, A. gracilis, A. nevadensis, A. ledebouriana, A. tetraquetra* sind alle dichte Rasen bildende Steingartenpflanzen. Blütezeit Juni/Juli.
A. montana, 8–10 cm hoch, Blütezeit Juni/Juli, aus den Pyrenäen, ist sicher die schönste der Gattung. Die großen weißen Blütenschalen sind sehr hübsch mit Zwergglockenblumen, Bergnelken und Thymian.

Armeria, Grasnelke

Dichte, immergrüne, grasartige Polster.
A. juniperifolia (A. caespitosa), Pyrenäen, 5 cm hoch, Blüte zartrosa oder weiß im Mai/Juni.
A. × suendermannii, 10 cm, dunkelrosa im April/Mai.
A. maritima 'Alba', 15 cm hoch, Blüte weiß im Mai/Juni.
A. maritima 'Düsseldorfer Stolz', 15 cm hoch, Blüten leuchtend purpurrosa im Mai/Juni.

Armeria caespitosa, Grasnelke

Asperula, Meister

A. arcadiensis, Griechenland, 5 bis 10 cm hohe, reizende Hochgebirgspflanze für Fels und Geröll in voller Südlage, Blätter grau behaart, Blüte rosa von Mai bis Juli. Sehr empfindlich gegen Nässe. Bester Platz in der steilen Wand von Tuffsteinen.
A. hirta, Pyrenäen, 10–20 cm hoch, Polster bildend, Blüten rosa im Mai/Juli, normaler Boden.
A. lilaciflora, Kleinasien, 5 cm hoch, überdeckt ihre nadelartigen dunkelgrünen Polster im Mai/Juni mit leuchtend rosa Blütchen.
A. nitida, Griechenland, nur 3–5 cm hoch, Blüten weißrosa im Juni/Juli. Gedeiht am besten im schotterigen Boden oder in Felsspalten.

Aster alpinus, Frühlingsaster

Aster, Aster

Von den 600 verschiedenen Arten interessieren wir uns lediglich für die für den Steingarten geeigneten Pflanzen.
A. alpinus, Europa, Asien, Nordamerika, 20–30 cm hoch, Blütenköpfe groß, Blütenblätter violettblau im Mai/Juni. Bei *A. alpinus* 'Albus' Blüte weiß.
A. bellidiastrum, Alpenmaßliebchen, Alpen, Karpaten, 10–15 cm hoch, Blütenköpfe klein, weiß, wie das Gänseblümchen, Blütezeit April/Mai. Liebt feuchte Stellen.

Frühlingsblüher im Steingarten: *Alyssum, Arabis,* Aubrietien.

A. himalaicus, Sikkim, ca. 20 cm hoch, Blüten purpurblau im Mai/ Juni, Boden sandig, humos.

Astragalus, Tragant

Europa, Asien, Amerika.
A. angustifolius, Balkan, Kleinasien, sehr attraktiv, 10–15 cm hohe, starre, stechende Polster, Blüten cremeweiß im Mai/Juni. Für Trokkenmauerfugen oder auf erhöhtem Standort im Steingarten in voller Sonne. Im Winter mit Fichtenzweigen abdecken.
A. sempervirens, Alpen, Balkan, nur 10 cm hohe Pflanze mit graugrünen Blättchen, Blüten blaßrosa bis grauweiß im Juni/Juli. Auf durchlässigem Schotterboden in voller Sonne.

Aubrietia, Blaukissen

Mittelmeer, Kleinasien. Bekannte, wunderschön blühende Polsterpflanze für den Steingarten, für Trockenmauern und Terrassenbeete. Viele Sorten erfreuen den Liebhaber mit ihren blauen, violetten und roten Tönungen im April/ Mai. Die Kataloge der einschlägigen Gärtnereien unterrichten Sie über das reichhaltige Angebot.

Bellium, Zwerggänseblümchen

B. minutum, Mittelmeer, entzückendes, nur 5 cm hohes Pflänzchen, Blütezeit von Juni bis Oktober.

Bletilla, Japanorchidee

B. striata, China, Japan, sehr interessante, 20–30 cm hohe, winterharte Staude mit schilfartigen, überhängenden Blättern, Blütezeit Juni/ Juli, Blüten leuchtend karmin bis purpur mit weißen Schwielenstreifen auf der Lippe. Standort in leicht

erhöhter Lage im Steingarten an nicht zu trockener Stelle in gutem bis kräftigem Humusboden.
B. striata 'Alba' ist nicht winterhart.

Campanula, Glockenblume

Von den über 300 Arten aus Europa, Asien und Amerika befassen wir uns lediglich mit niedrigeren, auf Bergmatten, im Geröll und auf Felsbändern wachsenden Pflanzen, die mit ihren blauen und weißen Glöckchen in unserem Steingarten neben kleinen Alpenmohnen, Bergnelken, Schafgarben, Leinkräutern, dem Storchenschnabel, Androsacen und vielen mehr eine gute Nachbarschaft bilden.
C. carpatica, 20–25 cm hoch, Blüten breitglockig, blau und weiß im Juni/August in verschiedenen Sorten.
C. garganica, 15 cm hoch, Blüte sternförmig, blau im Mai/Juni.
C. glomerata 'Acaulis', Knäuelglokkenblume, 20 cm hoch, Blütenköpfe dunkelviolett, im Juni bis August, sehr schön.
C. portenschlagiana, 15 cm hoch, mit rundlichen, herzförmigen Blättchen, Blüten 5–6 mm groß, breit zipfelige, hellviolettfarbene Blüten im Juli/August.
Die Sorte *C. portenschlagiana* 'Birch Hybrid' ist noch wüchsiger, mit noch größeren, licht purpurblauen Blüten. Diese Glockenblumenart gehört zweifellos zu den schönsten und dankbarsten Steingartenpflanzen für jede Lage.

C. pulla aus den Ostalpen wird nur 5–10 cm hoch. Ihre Blütenglocke (einblütig) ist breit-trichterförmig, hängend, dunkelviolett. Sie liebt einen kühlen, absonnigen Ort im Kalkschotter.
C. × pulloides, 10–15 cm hoch, wesentlich unkompliziertere Hybride, die sich durch unterirdische Ausläufer zu schönen kleinen Horsten entwickelt. Blüte weitglockig, dunkelblau im Mai/Juni.
C. cochleariifolia (C. pusilla), eine ganz entzückende Zwergglockenblume der Alpen. Nur 10 cm hoch sind ihre 2 cm großen, zierlichen, hängenden, hellblauen und weißen (*C. cochl.* 'Alba') Blütenglöckchen im Juni/August. Ihre dünnen, unterirdischen Ausläufer finden ihren Weg auch durch die kleinsten Felsfugen und bilden durch ihr ungestümes Drängen natürlich anmutende Wildnisidylle.

Campanula cochleariifolia, Glockenblume

Carlina, Eberwurz

C. acanthifolia, Akanthusblättrige Distel, Golddistel, Europa, Balkan. Auf der ganz auf dem Boden sitzenden, gezacktblättrigen, bis zu 30 cm groß werdenden Rosette sitzt im Juli/August der strohgoldfarbige, bis 20 cm breite Blütenkopf; stirbt nach der Blüte ab, sät sich jedoch selbst wieder aus. Eine schwerpunktbildende Pflanze von besonderer Schönheit. Ihr bester Platz ist eine südliche, tiefgründige Hanglage im Kalkschotter.
C. acaulis, Eberwurz, Silberdistel. Sie gehört zu den bekanntesten, unter Naturschutz stehenden, Alpenpflanzen. Auf steinigen Hügeln und Matten bildet sie flache stachelige Rosetten. Im September bilden sich die silberstrahligen Blütenköpfe, die sich jedoch nur bei sonnigem Wetter in ihrer vollen Schönheit zeigen.

Carlina acanthifolia, Golddistel

Cerastium, Hornkraut

C. alpinum ssp. *lanatum,* Balkan, arktische Zone, mit silbrigen, wolligen Blättchen, niedrige, lockere Polster bildend. Blüten im Mai/Juni, weiß, in 4–5blütigen Dolden auf bis zu 10 cm hohen Stielen. Interessante Liebhaberpflanze für absonnige, feuchte, lehmig-humose Plätze, deren Wildnisreiz sich in der engen Nachbarschaft von *Mimulus cupreus* und *Mazus pumilio* noch erhöht.
C. tomentosum var. *columnae,* Italien, nur 10 cm hoch, mit silbrig glänzendem Blattwerk, das im Mai/Juni mit seinen weißen Blüten übersät ist. Ein vorzüglicher Schmuck für Mauerfugen, als blendender Nachbar für das rote Seifenkraut, *Saponaria,* und viele andere unserer Stauden.

Chrysanthemum (jetzt: *Dendranthema*), Margerite

C. weyrichii, Japan, Stengel bis 15 cm hoch, Blüte bis 5 cm breit, mit gelber Scheibe und rosafarbenen Strahlenblüten im Juni/Juli. Bildet lockere Horste in humosem, durchlässigem Boden.

Cirsium, Kratzdistel

C. acaule, Stengellose Kratzdistel, Europa, Asien. Blätter dornig, gezähnt, am Boden aufliegende Rosetten, Blütenköpfe stengellos, purpurrosa von Juli bis September. Für sonnige, schotterige Plätze.

Convolvulus, Winde

C. calvertii, Krim, wunderschöne Pflanze mit silbergrau behaarten Grundblättern, 30 cm aufstrebenden Trieben mit zarten hellrosa Blütenschalen von Juni bis August.
C. lineatus, Mittelmeer, Kleinasien, Rußland. Nur 5 cm hoch, silbrige Blattpolster bildend, schmückt sie ihre bis 8 cm langen Blätter im Sommer mit wunderschönen rosa Blütenschalen von Juni bis August.
C. boissieri (C. nitidus), Spanien. Eng am Boden liegend sind die silberglänzenden Blattpolster und hellrosa die von Juni bis August erscheinenden bezaubernden Blütenschalen. Ein halbstrauchiger Zwerg, der sich im mageren Schotterboden auf höher gelegenen Felsbändern in vollster Sonne am wohlsten fühlt.

Corydalis, Lerchensporn

C. nobilis, sehr schöne, über 30 cm hoch werdende Staude. Im Mai schmückt sie sich mit hellgelben Blüten mit dunklen Tupfen. Zieht nach der Blüte ein. Standort zusammen mit *Aquilegia*, Zwergigem Rittersporn und Farnen im Halbschatten als Hintergrundpflanzung im Steingarten.

Delphinium, Rittersporn

D. elatum, Gebirgspflanze, Europa, Asien, 160 cm hoch, violettblau mit dunklen Honigblättern im Juni/Juli.

Delphinium grandiflorum, Rittersporn

Für die Kulissenbepflanzung hinter dem Steingarten zwischen Bergkiefern.
D. grandiflorum, Sibirien, China, 30–40 cm hoch, Blüten leuchtend blau im Juni/August.
D. nudicaule, Kalifornien, 20–30 cm hoch, Blüten mit langem Sporn, scharlachorangerot im Juni/August, zieht nach der Blüte ein. Pflanze sehr nässeempfindlich. Standort: An schottrig-humosen, sehr wasserdurchlässigen Stellen. Im Winter abdecken. Am besten nimmt man die ganze Pflanze nach der Blüte heraus und bewahrt sie trocken in Sand oder Erde in einem kühlen Raum.
D. tatsienense, China, 40 cm hoch, Blüte langgespornt, leuchtend enzianblau im Juni/Juli.

Dianthus alpinus, Alpennelke

Dianthus alpinus 'Albus'

Dianthus, Nelke

Mittelmeer, Balkan, Kleinasien, Alpen. Niemand kann sich dem Zauber der Bergnelken, besonders der zwergigen weißen, rosa und rot blühenden Nelken entziehen, wenn sie ihre zarten Blüten vor hartem Fels und Stein in ihrer ganzen Farbenpracht entfalten.
D. alpinus, Alpennelke. Auf ihren frischen, rasigen, 5 cm hohen Polstern stehen fast stengellos die übergroßen Blüten in hellkarminrosa mit dunkler Zone, oder bei *D. alpinus* 'Albus' entsprechend weißen bis zartrosa Blüten. Blüte Mai/Juni. Hat eine besondere Anfälligkeit gegen tierische Schädlinge. Bester Standort: Absonnige oder frische Lage im lehmig-humosen Kalkschotter, Südlage.
D. deltoides, Heidenelke, eine besonders reizvolle Nelke in engster Nachbarschaft von Bergkiefern. Ihre leuchtend rosa, karminroten und weißen Blüten stehen von Juni bis August im schönsten Kontrast zum dunklen Grün der Berglatschen.
D. gratianopolitanus (D. caesius), Pfingstnelke. Sie wird von den Gärtnereien in sehr vielen interessanten Sorten angeboten, bildet dichtrasige, graugrüne bis blaugrüne Polster, 10–20 cm hohe, meist einblütige Stengel mit wunderschönen rosa, roten und dunkelroten Blüten im Frühjahr.
D. knappii, Bosnien, 40 cm hoch, besonders interessant durch ihre schwefelgelben Blütenköpfe von Juli bis August.
D. monspessulanus ssp. *sternbergii,* dichtrasige Polster, deren 10–15 cm hohe, leicht hängende Stengel wunderschöne hellrosa bis purpurfarbene, stark duftende Blüten tragen. Hübsch ist die kleine, im Juni weiß blühende *D. petraeus,* nur 15 cm hoch.

Dianthus carthusianorum, Karthäusernelke

Dianthus glacialis, Gletschernelke

D. sylvestris, Steinnelke, ist ebenfalls nur 15 cm hoch, mit großen rosafarbenen, am Rand gezähnten, Blüten im Sommer.

Entzückend ist die Schar der ganz zwergigen Nelken, die ebenfalls im Sommer blühen:

D. freynii, nur 1–2 cm hoch, mit kurzgestielten rosa Blüten.

D. microlepis, nur 1 cm hoch, mit kleinsten rosa Blütchen (kalkfrei!).

D. subacaulis, mit nur 3–5 cm hohen Polstern und aufsitzenden rosa Blütchen.

Im Angebot der einschlägigen Gärtnereien befinden sich weitere Arten und Sorten.

Für Hintergrundbepflanzungen eignen sich:

D. carthusianorum, Karthäusernelke. Sie wächst lockerrasig mit schmalen Blättern; auf den bis zu 50 cm hohen Stengeln stehen von Juni bis September ihre strahlend purpurroten Blüten in dichten Büscheln. Sie liebt kalkhaltigen, etwas absonnigen Standort. Wir setzen sie am besten vor oder zwischen Berglatschen, damit wir uns an dem schönen Kontrast der purpurroten Blüten und den dunklen Bergkiefern erfreuen können.

D. superbus, Prachtnelke, liebt im Gegensatz zu allen anderen Arten ihrer Gattung feuchte Wiesen, Flachmoore, frische Stellen an Teichufern. Sehr lockerrasig, auf bis zu 60 cm hoch aufsteigenden Stengeln sitzen die großen, fedrigen, stark zerschlitzten, bleich rosafarbenen und sehr angenehm duftenden wunderschönen Blüten.

Dicentra, Herzblume

D. spectabilis, Tränendes Herz, China, Japan, mit blaugrünen, feinen Blättern und entzückenden, rotweißen herzförmigen Blüten im Mai/Juni. Liebt Halbschatten.

Doronicum, Gemswurz

Für den Steingarten wählen wir als Ersatz für *D. clusii* und *D. grandiflorum* die Art *Doronicum orientale (D. caucasicum).* Sie wird 40 cm hoch, die Blätter sind hellgrün und herzförmig. Auf den kräftigen behaarten Stengeln stehen im April/ Mai die strahlend gelben Margeritenblüten. Wir geben ihr eine nicht zu nahrhafte, lehmig-humose Erde, gemischt mit Kalkschotter, auf absonnigem, frischem Standort, zusammen mit *Myosotis rupicola,* dem nur bis zu 15 cm hoch werdenden Vergißmeinnicht mit ultramarinblauen Blüten.

Draba, Hungerblümchen

Sehr schöne Rosetten und Polster bildende Pflanzen mit weißen und gelben Blütchen für Fels und Schotterstellen auf der Südseite.
D. aizoides, nur 10 cm hoch, mit leuchtenden gelben Blütchen im März, überspinnt Stein und Fels.
D. bruniifolia, nur 5 cm, mit goldgelben Blüten, folgt im April.
D. bryoides var. *imbricata,* noch zwergiger, mit hellgelben, zierlichen, kleinen Blütchen, schöne dichte Polster bildend. Wir pflanzen sie zusammen mit *Asperula nitida* auf exponierten Felsstellen der Südseite.
Weitere, auch weißblühende Sorten, finden wir im Angebot der Spezialgärtnereien.

Edraianthus, Becher- oder Büschelglocke

Edraianthus, Büschelglocke

Sie gehören zur Familie der Glokkenblumen, bilden lockere Polster und sind ausgesprochene Fels- und Geröllsiedler. Blütezeit Juni/Juli.
E. dalmaticus, Dalmatien, 10 cm hoch, 5–10 blütig, Blüte blauviolett.
E. dinaricus, zwergig, Blüten einzeln, glockenförmig, blauviolett.
E. graminifolius, 10 cm hoch, hellviolett, reichblühend.
E. pumilio, nadelartige, niedrige 1–1,5 cm hohe Polster bildend, Blüten fast aufsitzend, einzeln, 3 cm lang, blauviolett, eine wunderschöne Gebirgspflanze, die wir direkt in den Tuff-Felsen hineinsetzen, oder wir geben ihr einen extra guten Logenplatz in einer dekorativen Felsspalte zur Südseite hin.
E. serpyllifolius, ebenfalls eine sehr reizvolle zwergige Felspflanze, die ihr dunkelgrünes Pölsterchen mit kleinen, einzelstehenden, dunkelblauen Blüten überdeckt.

Erigeron, Berufskraut

Asternähnlich, mit meist einzelstehenden Blütenköpfen mit feinstrahligen Randblüten von Juni bis August. Für den Steingarten verwenden wir nur die niedrigen Arten.
E. aurantiacus, goldgelb, 15 cm hoch.
E. caucasicus, blau, 20 cm.
E. compositus, weiß, 10 cm.
E. trifidus, lila, 10 cm.
Weitere Sorten im Angebot der Spezialgärtnereien.

Eryngium giganteum, Elfenbeindistel

Eritrichum, Himmelsherold

E. rupestre (E. strictum), Kaschmir, 10–20 cm hoch, himmelblaue Blüten im Juni/August, dankbare Gebirgspflanze für steinigen Boden und Geröll.

Erinus, Alpenbalsam

E. alpinus, niedrige, kleine Büschel bildende Stauden mit kurzen Blütentrauben in rosarot, rosa-lila und weiß von Mai bis August. Sie bilden dichte Teppiche und setzen sich in Tuffsteinen und Felsspalten fest. Wenn sie sich wohl fühlen, wachsen sie allzu ungestüm, sind aber stets so entzückend, daß man sie eigentlich nicht zurückdrängen möchte.

Eryngium, Edeldistel

Bis 80 cm hohe, sehr dekorative Stauden für exponierte Stellen im Steingarten in steinigem, durchlässigem Boden.
E. alpinum, bis zu 70 cm hoch werdend, Blüten stahlblau bis silbrig violett im Juli/August.
E. bourgatii, 40 cm hoch, Blütenköpfe ziemlich groß, dunkelblau im Juli/August.
E. giganteum, Elfenbeindistel, nur zweijährig, sät sich aber selbst aus. Sehr dekorative, silbriggrüne Alpenpflanze, Blüte von Juli bis August. Für Trockensträuße verwendbar.

Erysimum, Schöterich

E. kotschyanum und *E. pumilum,* zwergige Steingartenstauden, sind ausdauernd und blühen gelb im Juni/Juli.

Euphorbia, Wolfsmilch

Milchsaft führende, giftige Stauden mit unscheinbaren Blüten. Dekora-

Gentiana-Hybride

tive, blaugrüne, schuppige Polster.
E. capitulata, Griechenland, 3–5 cm hoch, mit wurzelnden Ausläufern dichte Matten bildend. Blütenköpfe klein, gelb im Juni/August.
E. myrsinites, Krim, bis 20 cm hoch, prachtvolle Blattpolster, Blätter blaugrün, schuppenartig rund, Blüte gelb im Juni/Juli, wintergrün.

Gentiana, Enzian

Enziane zählen zu den beliebtesten und bekanntesten Pflanzen der Wiesen und Berge. Die uns interessierenden Sorten sind langlebige, niedrige und höhere Stauden mit blauen, hell- und dunkelvioletten Blüten. Der Steingartenliebhaber interessiert sich sicher in erster Linie für den Stengellosen Enzian, den Frühlingsenzian und den im Spätsommer blühenden Schwalbenwurzenzian.

Gentiana acaulis, Stengelloser Enzian. In der allgemeinen Sprache geht es bei dieser Namensnennung um die Sammelbezeichnung von *G. dinaria, G. angustifolia, G. clusii* und *G. kochiana* bzw. der daraus entstehenden Hybriden (untereinander entstehende Bastarde).
Botanisch unterscheiden wir:
Gentiana acaulis (früher *G. kochiana*), Blüten trichterförmig, glokkig, dunkelblau im Mai/Juni, Kelchzähne kurz, eingebuchtet, innen mit olivgrünen Streifen. Standort: Auf sauren, humosen, kalkarmen Böden und in lichten Nadelwäldern.
G. clusii, Blätter ledrig, steif, Blüte trichterförmig, glockig, dunkelazurblau, Kelchzähne lang und spitz. Innenseite der Blüte im Mai/Juni ohne grüne Punkte oder Streifen. Standort: Auf Magerwiesen, Weiden, Geröll, kalkliebend. Im Steingarten auf frischem, lehmig-humosem, torfigem Boden.
G. verna, Frühlingsenzian, gehört zu den schönsten heimischen Wildstauden. Rosetten bildend, blühende Stengel 3–10 cm hoch. Blütenkronen leuchtend dunkelblau von März bis Mai. Standort: Auf feuchten Weiden und Matten. Im Steingarten im torfigen, lehmig-humosen Boden an absonnigen Stellen.
G. asclepiadea, Schwalbenwurzenzian, bis 50 cm hoch werdend, mit glockigen, dunkelblauen Blüten im September/November.
G. asclepiadea 'Alba', weiße Form.

G. septemfida var. *lagodechiana,* Sommerenzian, 15 cm hohe, dankbar blühende Art mit leuchtendblauen, glockenförmigen Blüten im Juli/August.
G. farreri, Wellensittichenzian, im Herbst blühender Enzian aus West-China. Blätter grasartig, Blüten 10 cm hoch, himmelblau, außen weiß-gelb gestreift. Frischer, mooriger, humos-lehmiger Boden.
G. sinoornata, Herbstenzian, Südwest-China, 10–15 cm hoch, Wuchs etwas kräftiger als bei *G. farreri,* Blüten mattblau mit breiten purpurblauen Streifen, innen azurblau, Blüte im Herbst, Standort: Kalkfreier, frischer, durchlässiger, saurer Boden.
Spezialgärtnereien bieten zum Teil wertvolle Züchtungen an, die uns zusammen mit *Calluna vulgaris* bezaubernde Farbharmonien bescheren.

Geranium, Storchschnabel

Von den vielen Arten interessieren wir uns für die zwergigen Sorten.
G. argenteum, Südliche Kalkalpen, 10–15 cm hoch, Blätter weißlich schimmernd, Blüte 3 cm groß, rosa, im Juni/August, für vollsonnige schotterige Plätze.
G. dalmaticum, Dalmatien, 10 bis 15 cm hoch, Blätter nierenförmig, Blüten seidig, rosa, im Juni/Juli.
G. farreri, West-China, 10–15 cm hoch, Blätter nierenförmig, fein behaart, Blüten 3–4 cm groß, blaßrosa

Geranium farreri, Storchschnabel

im Juni; ein ausgesprochenes Kleinod für Steingarten und Trog.
G. renardii, Kaukasus, typisch die langgestielten, nierenförmigen, oberseits olivgrünen, 5lappigen Blätter. Blüten weiß, violett geadert, Blüte im Juni. Liebt volle Sonne und durchlässigen Kalkboden.
G. sanguineum var. *prostatum,* 10 cm, Blüten tiefpurpurrosa im Juli/August.
G. subcaulescens 'Splendens', 15 cm, Blüte tiefkarminrosa im Juli/August.

Geum, Nelkenwurz

Balkan, Kleinasien.
G. coccineum, bis 40 cm hohe Staude, Blüten schalenförmig, ziegelrot, im Mai/Juli.
G. montanum, Gebirgsnelkenwurz, 10–20 cm hoch, ohne Ausläufer, meist einblütig, gelb, im Mai/Juni. Frischer, durchlässiger Boden.

Globularia, Kugelblume

Sonnenliebende und Trockenheit vertragende Wildpflanzen für steinigen Boden und Geröll.
G. cordifolia, Süd- und Mitteleuropa, Gebirge, 5–10 cm hoch, blaue Blütenköpfchen im Mai/Juni, wertvoller Bodendecker.
G. cordifolia 'Alba', weiß blühend.
G. nudicaulis, Alpen, Dalmatien, bis 20 cm hoch, dichtbüschelig, Blütenköpfe 2,5 cm breit, halbkugelig, blaue Blüten im Mai/Juni.

Globularia cordifolia, Kugelblume

G. repens, Pyrenäen, Südwest-Alpen, zwergige, kriechende Art mit eiförmigen Blättchen und hellblauen Blütenköpfchen im Mai; für Felsritzen, Tuff.
G. trichosantha, Kleinasien, Kaukasus, Ausläufer bildender interessanter Bodendecker, widerstandsfähig, reichblühend, leuchtendblau, im Mai/Juni.

Gypsophila, Schleierkraut

G. aretioides, Nord-Persien, sehr interessante, 3–5 cm hohe, dichtpolstrige Felspflanze, zeigt im Juni/August weiße Blütchen; für Felsspalten und Tuffsteinlöcher.
G. cerastioides, Himalaya, 5–7 cm, Matten bildend, Blüten in lockeren Trugdolden, weiß mit rosa Adern, im Mai/Juli.
G. repens, Kriechendes Schleierkraut, Pyrenäen, Alpen, 10 cm hoch, lockerrasig, auf Schotterfluren und steinigen Halden wachsend, kriechend, auf etwas humosem Boden große Flächen bedeckend und überreich rosa blühend von Mai bis August. Sehr gut für Südhänge, Mauern, Terrassenbeete.

Haberlea, Haberlee

H. rhodopensis, Bulgarien, Griechenland. Langlebige, mit *Ramonda* verwandte Staude mit breitlanzettlichen, blaßgrünen Blättern, einfach gesägt, Blüten lilablau, 10–15 cm, im Mai.
H. rhodopensis 'Virginalis' hat weiße Blüten mit gelblichen Flecken.
Günstigster Standort: An absonniger bis vollschattiger feuchter Stelle, am besten in senkrechten Mauerfugen oder Felsspalten der Nord- oder Nordostseite in humosem, torfigem, frischem Lehmboden. *Haberlea* und *Ramonda* wirken am besten in der unmittelbaren Nachbarschaft von kleinen Farnen.

Hacquetia, Schaftdolde

H. epipactis, erinnert an eine Wolfsmilchstaude. Sehr schöne Waldstaude für feuchte, schattige Stellen vor Felsen, an Treppen, unter Bäumen, 3–5teilige Blätter, gelbe Blütenkelche, die von einem grünlichgelben Hüllkelch umgeben sind, 15–20 cm hoch, Blüte im April/Mai.

Helichrysum, Strohblume

Asien, Afrika, Australien.
H. milfordiae, eine der schönsten und attraktivsten Bewohner unseres Steingartens. Nur 3–5 cm hoch ist das Polster mit den silbernen, zottig behaarten Rosetten. Die auffallend großen, einzelstehenden, fast aufsitzenden Blüten sind außen karminrosa, im Knospenstadium oben zugespitzt. Blütezeit Juni/Juli. Eine Augenweide bilden die offenen, wie Silber anmutenden, margeritenähnlichen Blütensterne. Standort: Möglichst etwas überhöht auf gut durchlässigem, schottrigem sandig-humosem Boden auf der Süd- und Südostseite.
H. thianshanicum, Blätter lanzettig, wollig, behaart, Blüten gelb, 20 cm, in dichten Trauben, Blütezeit Juni/Juli.

Helleborus, Nieswurz

H. niger, Christrose, ein sehr schöner, 25 cm hoher Winterblüher, dessen weiße Schalenblüten schon ab Dezember bis Anfang März die Schneedecke durchbrechen.
H. niger 'Praecox', ca. 30 cm hoch, blüht bereits ab Oktober, ebenso der großblumige *H. niger* ssp. *macranthus* der Südalpen. Ihr Standort ist im Halbschatten und Schatten von Bergkiefern zusammen mit frühblühenden Alpenveilchen, Schneeglöckchen, Leberblümchen.

Helichrysum milfordiae, Strohblume

Helleborus niger, Schnee- oder Christrose

Hepatica nobilis, Leberblümchen

Hepatica, Leberblümchen

H. acutiloba, Blätter 3lappig, behaart, Blüte dunkelrosa, 10 cm hoch, im März/April.
H. transsylvanica (H. angulosa), Blätter 3–5lappig, reichblühende Pflanze, Blüte reinblau im März/April.
H. nobilis (H. triloba), Blätter 3lappig, Blüten leuchtend dunkelblau.
H. nobilis 'Alba', Blüten weiß.

Heuchera, Purpurglöckchen

H. sanguinea, bis 30 cm hohe Staude mit rundlichen, herzförmigen 5–7lappigen Blättchen; an den bis zu 30 cm hohen zierlichen Rispen bilden sich im Juni bis August sehr hübsche kleine rote Glöckchen. Sonne bis Halbschatten, in frischem, lehmig-humosem Boden. Die Gärtnereien bieten weitere hübsche Formen in Höhen von 30 bis 80 cm für Sonne und Halbschatten.

Hieracium, Habichtskraut

Europa, Nordamerika.
H. bombycinum, Spanien, 15–20 cm hohe, kräftige Polster bildende Staude, Blätter weißfilzig, behaart, Blütenköpfe gelb im Juni/Juli.
H. × rubrum, 15–20 cm hoch mit dunkelorangeroten Blütenköpfen im Juni/Juli.
H. villosum, die beste Art für den Steingarten, ca. 20–25 cm hoch werdende Pflanze, die ganz mit weißen Wollhaaren überzogen ist.
H. aurantiacum und *H. pilosella,* von ihnen ist unbedingt abzuraten, da sie stark wuchern.

Horminum, Drachenmaul

H. pyrenaicum, Alpen, Pyrenäen, 15–30 cm hoch, mit runzeligen, immergrünen Blättern und blauvioletten Blüten im Mai/Juli. In allen Lagen gut gedeihend.

Hutchinsia, Gemskresse

H. alpina, Europa, Gebirge. Willig blühende Gebirgsstaude, 8 cm hoch, Blüte weiß in dichten Dolden im Mai/Juni, für Fels und Geröll.
H. alpina ssp. *auerswaldii,* Spanien, für feuchte Felsritzen, noch stärker blühend als *H. alpina,* Blüte weiß im Mai/Juni.

Iris, Schwertlilie

Für den Steingarten wählen wir aus den Katalogen der Spezialgärtnereien lediglich die ganz zwergigen

Iris reticulata, Frühlings-Iris

Sorten. Entzückend sind die nur 10 cm hoch werdenden, im März blühenden, bekannten Zwiebel-*Iris:* die gelbblühende *I. danfordiae,* die lilablaue *I. histrio,* die 5–8 cm hohe, dunkelblaue *I. histrioides,* die 10–20 cm hohe violettblaue *I. reticulata* und viele mehr.
Besonders erwähnenswert sind die Kamm-*Iris* mit ihren dünnen, kriechenden Rhizomen:
I. cristata, Nord-Amerika, nur 15 cm hoch, mit 5 cm breiten, zartlila Blüten im April/Mai.
I. lacustris, ebenfalls aus Nord-Amerika, nur 6–12 cm hoch mit hellblauen Blüten.
Die Kataloge einiger Gärtnereien sind wahre Fundgruben schönster Sorten. Es bleibt dem Hobbygärtner überlassen, für welche Schönheiten er sich letztlich entscheidet.

Leontopodium, Edelweiß

Oft verbinden sich mit dem Erwerb dieser so sehr berühmten Alpenblume zu viele Hoffnungen. Und dennoch ist es möglich, Edelweiß im Steingarten so zu kultivieren, daß ihre Blüten genau so schön werden, wie hoch droben auf dem Berg. Das begehrteste Blütenwunder der Alpen und Karpaten.
L. alpinum, Edelweiß, stammt ursprünglich aus Zentralasien. Die weißwolligen, silbrigen Blütensterne sind leider immer seltener anzutreffen und teilweise schon ausgerottet. Sie stehen daher unter strengstem Naturschutz.
Nur 15 cm hoch wird die dicht weißfilzige Blume der Berge. Der so begehrte Blütenstern ist eine Scheinblüte. Viele kleine Blütchen, von Hüllschuppen zusammengehalten, bilden kleine Köpfchen. Diese wiederum werden von einem dichten Kranz von weißfilzigen, sternförmig ausgebreiteten Hochblättern umrandet. In der freien Natur finden wir das Edelweiß auf südlichen Hängen oder Felsbändern oft in Gemeinschaft mit anderen alpinen Stauden. Der Standort im Steingarten: Obere Südseite direkt in Felsspalten oder im Geröll, mageres Substrat. Blütezeit Juni bis September.

Linaria, Leinkraut

Linaria alpina, Alpenleinkraut, ein liebenswerter kleiner Geröllsiedler, der uns nie lästig wird, obwohl er sich selbst aussät. Er bildet lockere Rasen, 5–10 cm hoch, die Blättchen sind graugrün, die Blüten blauviolett mit orange-gelbem Gaumenfleck, Blütezeit Juni bis September.

Linum, Lein

L. perenne ssp. *alpinum,* Europa, 10–30 cm hoch, mit hellblauen Blüten von Juni bis August.
L. austriacum, 15–30 cm, blüht hellblau im Mai/Juli.
L. elegans, Griechenland, bis 20 cm hoch, mit olivgrünen Blättern, Blüten 2 cm groß, gelb, mit hellen Adern, im Mai/Juli.
L. flavum, Südost-Europa, 25–40 cm hoch, Blüten 25 cm groß, leuchtend gelb im Mai/Juli.
L. flavum 'Compactum', wird nur 15–20 cm hoch, Blüte im Mai/Juli.
L. salsoloides, West-Alpen, niederliegend, 10 cm, weiße Blüte.

Linum elegans, gelbblühender Lein

Lychnis alpina, Alpenpechnelke

Lychnis, Lichtnelke

L. alpina, Alpenpechnelke, 10 bis 20 cm, Stengel nicht klebrig, lanzettliche Blätter, Blüten rosa, 6 bis 8 mm breit, im Juni/August. Standort: Kalkarme Schutthalden auf frischem bis feuchtem Boden.
L.-Arkwrightii-Hybriden, ca. 20 bis 30 cm hoch, Blüten leuchtend orangerot, im Juni/August, wunderschön zwischen Kiefern.

Matricaria, Teppichkamille

M. caucasica, bildet mit ihren feinzerteilten Blättern rasige, grüne Flächen und bildet im Juni/August bis 10 cm hohe reizende Margeritenblüten.
M. oreades, ebenfalls niedere Rasen bildend. Auf 10–20 cm hohen Stielen sitzen die weißen Blüten-

köpfchen im Juni/Juli. Guter Ersatz für die Alpenmargeriten, die im Tiefland leider nicht gedeihen.

Mertensia, Blauglöckchen

M. primuloides, Himalaya, sehr hübsche, 15 cm hoch werdende Staude mit enzianblauen Blüten im Mai/Juni, für Sonne und Halbschatten.

Micromeria, Micromerie

M. cristata, M. croatica, M. microphylla sind 10 cm hohe, im Juli/August weiß und rot blühende, zierliche Büschel für Fels- und Mauerfugen.

Mimulus, Gauklerblume

M. cardinalis, Amerika, für trockenen Standort, ca. 50 cm hoch, mit langgestielten, scharlachroten Blüten im Juni/September.
M. cupreus, Chile, 5–10 cm, glänzend dunkelgrüne Blätter mit niedergestreckten, wurzelnden Stengeln. Die Blüten sind leuchtend kupferrot, Blütezeit Juni/September. Eine wunderschöne Steingartenpflanze für frischen bis feuchten, lehmig-humosen Standort, absonnig.
M. primuloides, Nordamerika. 6 bis 10 cm hoch, Blätter weich, haarig, Blüten goldgelb im Juli/September.

Mimulus cupreus, die nur 10–12 cm hohe, kupferrote Gauklerblume.

Morina, Kardendistel

M. longifolia, Himalaya, 60–80 cm hohe, sehr dekorative Distel, deren Blütenschaft sich im Juli/August mit weißrosa Blüten schmückt.

Myosotis, Vergißmeinnicht

M. decora, Neuseeland, nur 1–2 cm hoch, mit silbrig behaarten, niederliegenden Blättern und weißen Blüten im April/Juni. Für trockene, schottrige Stellen, Südseite.
M. rehsteineri, nur 3–5 cm hoch, rasiger Wuchs, himmelblaue, leuchtende Blüten im April/Juni. Verlangt im Frühling sehr viel Feuchtigkeit, steht in den ersten Monaten des Jahres am liebsten direkt im Wasser.
M. rupicola, ca. 10–15 cm hoch, mit ultramarinblauen Blüten im Mai. Sehr empfehlenswerte Staude für die Nachbarschaft der gelb blühenden *Doronicum caucasicum.*

Nierembergia, Weißbecher

N. repens, Südamerika, 3–5 cm hohe, kriechende, rasig wachsende Staude mit bis 3 cm breiten, strahlend weißen Blüten im Juni/September.

Oenothera, Nachtkerze

O. caespitosa, Amerika, Zweijährig bis staudig, schmal-lanzettige Blätter, Blüte bis 8 cm breit, weißblühend im Juni/Juli, am Abend aufgehend, morgens im Verblühen rosa werdend.

Oenothera missouriensis, Nachtkerze

O. missouriensis, Nord-Amerika, niederliegende Art, 10–20 cm, hellgrüne Blätter, Blüten hellgelb, bis 10 cm groß, Nachtblüher, Blütezeit Mai/September. Sehr attraktive Staude für den Steingarten, sonnige Plätze.

Omphalodes, Gedenkemein

O. cappadocia, 20 cm, Blätter seidig behaart, Blüten himmelblau im April/Juni.
O. verna, 10 cm hoch, Blüten leuchtend blau im April/Mai.
O. verna 'Alba', weißblühende Form. Halbschatten, frischer Boden.

Onosma, Lotwurz

O. alborosea, Kleinasien, trockenliebende Staude, 20 cm hoch,

Blätter schmal, grauhaarig, Blüten weiß mit rosafarbenem Saum im Mai/Juni.
O. stellulata, Südost-Europa, 15–20 cm hoch, Blätter schmal, grauhaarig, Blüten zitronengelb im Mai/Juni. Ebenfalls trockenheitsliebend. Standort: Volle Südseite, Kalkschotter.

Origanum, Dost

O. amanum, Syrien. Das nur 10 cm hohe, reichbeblätterte Sträuchlein ist im Juli/August bedeckt mit 3 bis 5 cm langen, röhrigen, rosa Blüten. Standort: Volle Sonne, Schotterboden.
O. vulgare 'Compactum', wertvoller Dauerblüher, Blütezeit Juli/Oktober, aromatisch duftende Polster, Blüten rosalila, 15 cm, für volle Sonne.

Papaver, Mohn

P. burseri (P. alpinum), Alpenmohn, mit fein gefiederten, blaugrünen Blättchen. Auf dem 10–15 cm hohen, einblütigen Schaft stehen von April bis September die entzückenden seidigen Blüten in Weiß und Gelb. Geröllsiedler für Schotterplätze.
P. nudicaule, Islandmohn, mit fiederschnittigen Blättern, Blüten schalenförmig, goldgelb, weiß, rosa, kardinalrot auf bis zu 30 cm hohen blattlosen Stengeln, Blütezeit April bis September. Gedeihen im Schotter, aber auch in jedem frischen Gartenboden.

Papaver kerneri, orangefarbener Alpenmohn

Penstemon, Bartfaden

Amerika. Immer mehr Arten und Sorten erscheinen im Angebot der Spezialgärtnereien. Leider sind die meisten Arten nur bedingt winterhart, so daß man sie in schneelosen Lagen im Winter mit Fichtenzweigen abdecken muß. Für den Steingarten kommen unter anderem in Frage:
P. alpinus, 20 cm hoch, Blüte blau bis rotviolett.
P. caespitosus, 10 cm, Blüte türkisblau.
P. hallii, 20 cm hoch, Blüte blauviolett.
P. newberryi, 15–20 cm, Blüte magentarot.
P. pinifolius, 20 cm, Blüte brillantrot. Blütezeit für alle Arten Mai bis Juli.

Petrocallis, Steinschmückel

P. pyrenaica, Pyrenäen, Alpen. Nur 3 cm hohe, rasenbildende, steinbrechartige Polster mit hell-lilafarbenen und weißen Blütchen im Mai in gedrungener Doldentraube. Auf kalkhaltigem, sehr schotterigem, durchlässigem Boden oder direkt im Geröll und in Schutthalden.

Petrorhagia: siehe _Tunica_

Phlox, Flammenblume

Nordamerika. Die niedrig wachsenden, teppichbildenden Arten und Sorten gehören zu den farbenfrohesten und dankbarsten Frühlingsblühern des Steingartens, der Terrassenbeete und Trockenmauern für normalen Gartenboden.
P. amoena, 20 cm karminrot.
P. douglasii 'Georg Arends', 5 cm, rosalila.
P. subulata, 10–15 cm; 'Betry', hellrosa; 'G. F. Wilson', schieferblau, 'Maischnee', schneeweiß; 'Samson', rosa; 'White Delight', reinweiß; 'Lilacina', lila; 'Nivalis', weiß; 'Albus', weiß.

Phlox subulata, Teppichphlox

Phyteuma, Teufelskralle

P. orbiculare, 20–30 cm hohe Gebirgsstaude mit runden, dunkelblauvioletten Blütenköpfen im Mai/Juni.
P. scheuchzeri, bis 25 cm hohe Gebirgsstaude mit kugeligem Blütenstand, tiefblau im Juni/Juli.
Beide Arten für kalkhaltigen, schotterigen Boden in enger Nachbarschaft mit Gräsern, Lichtnelken und Pulsatillen.

Polemonium, Jakobsleiter

P. caeruleum, Europa, bis 70 cm hoch, reizender Frühjahrsblüher, himmelblau.
P. reptans, Amerika, 40 cm hoch, Blüte himmelblau im Mai/Juli.
Für sonnige bis halbschattige Lagen.

Potentilla, Fingerkraut

P. ambigua, Himalaya, bis 10 cm hoch, Blätter hellgrün, Blüten leuchtend gelb, im Juni/August.
P. atrosanguinea, Himalaya, bis 40 cm hoch, Blüten leuchtend scharlachrot, im Juni/Juli, für sandig-lehmigen, durchlässigen, frischen Boden. Sehr interessante Gebirgspflanze.
P. aurea, Goldfingerkraut, Europa, Blätter 5zählig, glänzend grün, unterseits behaart. Blüten im Mai/Juni, goldgelb, 10–20 cm hoch. Für torfig-humosen, frischen Boden.
P. fragiformis, Asien, Alaska, 20 cm

hoch, kriechend, Blätter 3zählig, Blüten langstielig, goldgelb im Juni/Juli.
P. nitida, Dolomitenfingerkraut, 5 cm hohe, dicht wachsende, silbergraue Polster, Blüten zart rosa, weiß, rosarot im Mai/Juli. Eine der schönsten Gebirgspflanzen, die aber im Tiefland nur sehr schwach blüht. Standort: Schotter, Fels.

Potentilla nitida, Dolomitenfingerkraut

Primula, Primel

Wunderschön sind die Primeln der Berge, wenn ihre roten, gelben, rosa und violetten Blüten aus dem schmelzenden Schnee hervorlugen und ganze Felsgruppen in bunte Teppiche verzaubern. Von den vielen Arten, die in den europäischen Hoch- und Mittelgebirgen beheimatet sind, kommen jedoch für den Steingarten nur wenige in Frage. Der weitaus größte Teil der außereuropäischen Arten kommt aus Asien, den Hochgebirgen des Himalaya, Tibet und West-China.
P. auricula, Alpenaurikel, Hauptverbreitungsgebiet Alpen, Blätter mehlig bestäubt, Blüten 10 cm hoch, im April/Mai goldgelb mit weißem Schlundring, wunderbar duftend. Bekannteste Primel der Alpen. Aus dieser Art haben sich in verschiedenen Regionen enge Verwandte, sogenannte Nebenarten, entwickelt, die jedoch alle hell- bis dunkelgelb blühen.
P. clusiana, mit glänzend grünen Blättern, Blütenschaft bis 10 cm,

Primula veris ssp. *macrocalyx*

Primula hirsuta, behaarte Schlüsselblume

Blüte rosenrot mit weißem Schlund im März/April. Kalksteiniger, feuchter, magerer Boden.
P. hirsuta, bis 12 cm hoch, mit gezähnten Blättern, Blüte tief karminrosa bis lilarosa im April/Mai. Die typische Hochgebirgsprimel des Urgesteins. Absolut kalkfliehend! Standort im Felsgeröll, Urgesteinsschotter, oder entsprechende Erdmischung mit Humus, Torf, Quarzsand.
P. integrifolia, mit kurzen, ca. 1 cm breiten Blättern, Blütenschaft etwa 5 cm hoch, Blüten rotviolett im April.
P. marginata, bis 20 cm hoch, Blätter in Rosetten, gezähnt, Blüten hell- bis dunkellila mit weißem Schlundring je nach Sorte. Standort: Absonnig in torfig-humosem, steinigem, kalkhaltigem Substrat.
P. elatior, Wiesen-Schlüsselblume, *P. farinosa,* Mehlprimel. *P. frondosa,* etwas kräftiger als *P. farinosa,* sind gute, bekannte Frühlingsblüher für halbschattige, feuchte Plätze.
P. juliae, Kaukasus, eine wunderschöne, nur 5 cm hohe Teppichprimel mit dunkelvioletten Blüten.
P. rosea, Himalaya, vielleicht die schönste aller Primeln. Die großen Blüten bilden sich vor den Blättern auf einem kräftigen, 10–15 cm hohen Schaft in einem wunderschönen, leuchtenden Korallenrot, Blütezeit März/April. Liebt humosen, lehmig- oder tonigfeuchten Boden.
Es gibt noch eine weitere Vielzahl schönster Arten und Sorten für den Steingarten, so daß es sich lohnt, die Angebote der Gärtnereien genauestens zu studieren. Achten Sie aber darauf, daß Primeln nur in frischem Boden gedeihen, das heißt, Sie müssen den jeweiligen Standort mit wasserhaltendem Ton, Lehm, und Torf entsprechend anreichern.

Pulsatilla, Kuhschelle, Küchenschelle

Pulsatillen gehören zu den schönsten Frühlingsblühern vom März bis zum Juni. Stauden mit feingefiederten Blättern, großen aufrechten und nickenden, pelzig behaarten, glokkenartigen Blüten und lang ausdauernden Fruchtständen. Durchlässiger, steiniger Boden.
P. halleri ssp. *slavica,* Karpaten, Blüten ca. 8 cm breit, rötlich, hellviolett.
P. montana, Ost-Europa, 15–30 cm hoch, Blüte dunkelviolett.

P. patens, 15–25 cm hoch, Blüten blauviolett.
P. pratensis, bis 30 cm hoch, Blüten von dunkelvioletter Farbe.
P. vulgaris, Europa, 25 cm hoch, einblütig, Blüte dunkel- bis hellviolett.

Ramonda, Felsenteller

Sehr interessante, immergrüne Rosettenstaude mit derben, niederliegenden, runzeligen Blättern für schattige, windgeschützte, möglichst senkrechte Steinfugen in kalkhaltiger, humoser, frischer Erde.
R. myconi, Pyrenäen, Rosetten bis 20 cm groß, Blüten hellviolett-blau mit hellgelben Staubbeuteln von Mai bis Juni.
R. nathaliae, Südost-Europa, bis 15 cm breite Rosetten, Blüten lavendelblau mit orangegelbem Ring in der Mitte, blüht vor *R. myconi.*

Ranunculus, Hahnenfuß

R. alpetris, Alpenhahnenfuß, 5 bis 10 cm hoch, Blätter glänzend grün, Blüten bis 2 cm groß, weiß, im April. Absonniger, feuchter Standort im Kalkschotter.
R. bulbosus, Knollenhahnenfuß, 20 cm, Blüten leuchtend gelb, gefüllt, Juni bis August.
R. gramineus, 30 cm hoch, Blüten einfach, goldgelb im Mai/Juni.
R. montanus, Gebirgshahnenfuß, 10 cm hoch, Blätter leuchtendgrün, Blüte gelb im Mai/September.

Saponaria × olivana, Seifenkraut

Saponaria, Seifenkraut

Polsterbildende, sehr dankbare Sommerblüher von Mai bis August.
S. ocymoides, 20 cm hoch, reichblühend, karminrosa.
S. ocymoides 'Alba', weiß blühende Form.
S. × olivana, sehr schöne Hybride, feste, große Polster mit aufsitzenden rosaroten Blüten; noch schöner ist die Hybride 'Bressingham'. Die Blüten sind aufsitzend, malvenrosa mit weißem Auge.

Saxifraga, Steinbrech

Sehr artenreiche Gattung, deren größter Teil typische Felsbewohner der Hochgebirge sind. Ihre Formschönheit und Blütenpracht sowie die Eigenartigkeit der Rosettenbildung fordern den Steingartenbesit-

Saxifragen der Sektion Kabschia bzw. Engleria, direkt am Fels wachsend.

zer geradezu auf, diesen edlen Gebirgsbewohnern besonders geeignete Plätze im Fels, in Felsritzen, im Schotter aber auch an schattigen, feuchten Stellen zu schaffen. Um den unterschiedlichen Arten und deren Ansprüchen gerecht zu werden, sind sie in Sektionen unterteilt.

- Moossteinbrech, Sektion Dactyloides.

Reich blühende und immergrüne moosartige Polster für absonnige und schattige Stellen als Zwischenpflanzung zu Primeln, Veilchen, Zwergrhododendren. Die bekanntesten Sorten sind die durch Kreuzung verschiedener Arten dieser Sektion entstandenen Arendsii-Hybriden. Weitere nennenswerte Arten sind *S. muscoides, S. tenella, S. trifurcata* und viele mehr.

- Rosettensteinbrech, Sektion Euaizoonia.

Die einzelnen Arten bilden feste, immergrüne Rosetten mit schmalen oder kürzeren breiten, meist silbriggrünen, am Rand mit Kalk überkrusteten Blättchen. Die 10–30 cm hohen weißen Blütenrispen sind sehr attraktiv. Geeigneter Standort ist die Südseite in frischem schotteri gem Boden, im Geröll oder direkt im Fels.

Zu den schönsten Arten gehören *S. aizoides, S. paniculata (S. aizoon)* und ihre verschiedenen Formen; *S. cochlearis, S. cotyledon, S. crustata, S. hostii, S. longifolia,* der »König der Steinbreche«, mit seiner bis zu 15 cm breiten Rosette, und viele mehr.

- Polster- oder Vorfrühlingssteinbrech, Sektion Kabschia und Engleria.

Kabschia-Arten mit starren kleinen Blättchen, immergrüne Polster von 1–3 cm Höhe bildend. Blüten einzeln oder zu 2–3 auf ganz kurzen Stielen, weiß, gelb, rosa und rot blühend.

Engleria-Arten haben meist graugrüne, etwas breitere und längere Blättchen und bilden flache Rosetten. Die Blütenstände sind ährenförmig, bis 3–4 cm hoch und sind im Austrieb besonders schön. Blüte gelb, rot, rosa.
Polstersteinbreche öffnen ihre Blüten teilweise schon in den ersten Strahlen der Vorfrühlingssonne. Fast alle Arten sind kalkliebend. Ihr Standort ist keineswegs in voller Sonne, sondern in Ost- und Nordostlagen direkt in Tuffsteinen, Felsritzen, Felsnischen oder Schotter. Keine stauende Nässe.
Das Angebot der Kabschia- und Engleria-Hybriden ist beachtlich. Schön sind sie alle.

- Schattensteinbrech, Sektion Robertsoniana.

Die einzelnen Arten und Sorten bilden dichte Rosetten, die zu größeren Polstern zusammenwachsen. Für frische Böden in halbschattiger Lage, geeignet als Bodendecker
S. cuneifolia, S. × *geum, S. hirsuta, S. umbrosa* und viele mehr.

- Hochalpine Zwergsorten, Sektion Porphyrion.

Am Boden liegende, gegenständig beblätterte, dichte, immergrüne Polster bildend. Blättchen sehr klein, ledrig, Blüten kurzgestielt. Für feuchte Felsspalten im Osten und Nordosten in kalkarmem Feinschutt.
S. murithiana, S. oppositifolia, S. oppositifolia 'Splendens', rotblühend; *S. oppositifolia* 'Alba', weiß blühend.

Saxifraga × *hoerhammeri,* Steinbrech

Scabiosa, Skabiose

Stauden mit gewölbten bis halbkugeligen Blüten.
S. caucasica, 40 cm, hellviolett.
S. graminifolia, 40 cm, rosa.
S. lucida, die bekannte Bergscabiose, 20 cm, hell-lila.
S. japonica var. *alpina,* 20 cm, lila.
Blütezeit Juni bis September.

Scutellaria, Helmkraut

Anspruchsloser Sommerblüher mit reizenden, helmförmigen Lippenblüten.
S. alpina, 20–30 cm, Blüten weißviolett im Juni/August.

Scutellaria orientalis, Helmkraut, aus dem Balkan stammend.

S. baicalensis, 30 cm, Blüten lila.
S. orientalis, 15 cm, Blüten gelb im Juli/Oktober.
Alle für die Südlage des Steingartens.

Sedum, Fetthenne

Gut wachsende, rasenbildende oder mittelhohe Arten und Sorten mit unterschiedlicher, teilweise interessanter Belaubung für Mauern, Fugen, sonnige Plätze, für Schotter und Fels. Sehr formenreiche Sommerblüher. Siehe Kataloge der Gärtnereien.

Sempervivum, Hauswurz

Dickblättrige Rosettenstauden, die sich durch Ausläufer und selbst lösende Rosetten ausbreiten und große, geschlossene Polster bilden. Ihre Blüten im Juni/Juli sind meist rosa und gelb.
Sie sind sehr anspruchslos, wachsen in Trockenmauerfugen, in Felslöchern und Ritzen, im Schotter und auf Dächern. Aus den etwa 30 Arten haben sich hunderte von Hybriden und Formen entwickelt, die sich teilweise größter Beliebtheit erfreuen.
Die interessantesten Wildarten:
S. arachnoideum, 4–12 cm, klein, halbkugelig, bräunlich-grün bis rot. Durch ein von den Blättern ausgeschiedenes Sekret bilden sich zarte, silberweiße Gespinste. Blütenstengel ca. 10 cm, Blüte karminrot.
S. montanum, Rosetten 3–4 cm groß, Blütensproß 5–8 cm, Blüte trübrot.

Sempervivum montanum, Berghauswurz

S. tectorum, Rosetten 20 cm groß mit rötlichen Ausläufern.
S. wulfenii, Urgesteinspflanze (kalkfliehend!), Rosetten 4–5 cm groß, graugrün, kräftiger, bis 20 cm hoher Blütensproß, Blüten 25 cm, sternförmig, am Grund mit purpurnem Fleck.

Senecio, Kreuzkraut

S. abrotanifolius, Süd- und Ost-Alpen, 20–30 cm hoch, gefiederte Blätter, hellgrün, Blüten hell-orangegelb, 2–5 Blütenköpfe im Juni/Juli.
S. abrotanifolius ssp. *tiroliensis* ist noch schöner. Gedrungener im Wuchs, Farbe sattorange im Juni/Juli. Eine besonders schöne Wildstaude für den Steingarten.

Senecio abrotanifolius ssp. *tirolensis*

Silene, Leimkraut

Silene acaulis, dem Wanderer der Berge bekanntes Polsterkissen, übersät mit rosaroten, aufsitzenden Blütchen, ist im Tiefland leider äußerst blühfaul. Direkt auf Tuff-Felsen wachsend, dürfen wir einen einigermaßen zufriedenstellenden Blütenflor im Juni/Juli erwarten.
S. elisabethae (Melandrium elisabethae), Südalpen, 10–20 cm, mehrstengelige Staude mit Blattrosette, Blätter am Rande schwach behaart. Die fast purpurfarbenen Blüten werden bis zu 4–5 cm groß, Blüte im Juli/August. Liebt kalkhaltigen, etwas absonnigen Standort in steinigem Boden.

Silene elisabethae, Lichtnelke

Soldanella, Troddelblume, Alpenglöckchen

Ganz entzückende Gebirgspflanzen, die jedoch im Tiefland auch leider zu den heikelsten gehören. Die robusteste Art ist
S. montana, ein typischer Bergwaldbewohner, 10–15 cm hoch, Blätter rundlich bis nierenförmig, Stengel bis 6blütig, Blüten glockig, hängend, geschlitzt, violettblau, Blütezeit nach der Schneeschmelze bis Mai.
Standort: Halbschatten bis Schatten, im kalkarmen Boden zwischen Leberblümchen und kleinen Farnen.

Soldanella carpatica, Alpenglöckchen

Thlaspi, Täschelkraut

Niedrige Pflanzen mit rosettigen Grundblättern, weiß oder rosa Blüten, für Geröllplätze.
T. alpinum, 10 cm, Blüten weiß im Mai/Juni.
T. montanum, 10 cm, Blüten weiß im April/Mai.
T. stylosum, 5 cm, Blüte lila im April/Mai, meist nur Zweijährig, sät sich jedoch auch selbst aus.

Thymus, Thymian

Wunderbar ist der Duft dieser reich blühenden Bodendecker. Achten wir aber auf die oft allzu stürmisch wachsenden Arten, die benachbarte zarte Polster allzugerne überwuchern.
T. × citriodorus, 20 cm hoch, aufrecht wachsend, mit geaderten Blättern, die nach Zitronen duften. Blüten lilarosa im Juni/Juli. Winterschutz geben.
T. doerfleri, üppige, 5 cm hohe, wuchernde Polster mit rosa Blüten im Juni/Juli.

Tunica (jetzt: *Petrorhagia*), *Felsennelke*

P. saxifraga, 20 cm hohe, schleierkrautartige Staude mit langanhaltendem, zierlichem rosa Blütenflor im Juni/September. Für die Südseite und ganz trockene, von der Sonne voll beschienene Stellen. Die Sorte 'Pleniflora' ist gefüllt blühend.

Verbascum, Königskerze

Meist nur Zweijährige, malerische Gebirgspflanzen mit großen, graufilzigen Blättern und bis zu 200 cm hohen, sehr dekorativen, ährigen Blütenständen. Blüten von Juni bis August.
V. bombyciferum, 180 cm hoch, schwefelgelb.
V. dumulosum, 30 cm hoch, goldgelb mit violetten Staubfäden.
V. phoeniceum, 40–60 cm hoch, purpurviolett.
V. wiedemannianum, bis 100 cm hoch, violett.

Veronica, Ehrenpreis

Aus dieser großen Familie suchen wir uns die niedrig wachsenden und zwergigen Arten aus, die sich in sehr durchlässigen, steinigen Böden auf der Südseite wohl fühlen.
V. caespitosa, Griechenland, 7 cm hohes dichtes Polster, leuchtend blaue Blüten im Mai/Juni.
V. cinerea, Kleinasien, 15 cm hoch, lockere Polster, Blüte hellblau im Juni/Juli.
V. fruticans (V. saxatilis), 10 cm hoch, locker wachsend, Blüten azurblau im Mai/Juni.
V. fruticulosa, 20 cm hoch, zierliche Staude, Blüte rosa im Juni/Juli.
V. gentianoides, 30 cm, breite Blattrosetten, Blüte hellblau im Mai/Juni.
V. spicata, 30 cm hohe Blütenrispen, Blüte blau im Juli.
Weitere Formen siehe Katalog der Gärtnereien.

Verbascum, Königskerze

Viola, Veilchen

Bekannte, äußerst liebenswerte Gattung, zwei- oder mehrjährige Pflanzen, die wir in zwei Gruppen teilen: den Stiefmütterchen-Typ und den Veilchen-Typ.
Rosettenbildende Stauden mit und ohne Ausläufer, mit wechselständigen Blättern, Blüten einzeln stehend mit 5 Kronblättern.

- Stiefmütterchen-Typ:

Von den 5 Kronblättern sind 4 nach oben und 1 nach unten gerichtet (meist gelb). Blüte von Mai bis September.
V. alpina, Blüten groß, violett. Halbschatten, Kalkschotter mit Humus.
V. bertolonii, 20 cm hoch, Blüte groß, violettblau im Mai/September, sehr dankbar, Halbschatten.
V. calcarata, dunkelviolett mit gel-

Viola wockei, sehr attraktives ▶ Wildstiefmütterchen.

Viola tricolor

Viola calcarata

Viola bertolonii

bem Saftmal, Blüte im Mai/Juli; liebt humosen Schotter, Halbschatten.
V. cornuta, bis 25 cm hoch, sehr viele Kulturformen mit gelben, weißen, violetten und blauen Blüten.
V. elegantula, 10 cm, Blüte rötlichviolett, sehr schön, für durchlässigen Boden.
V. stojanowii, 10 cm, Blüten langgestielt, 2 cm, gelb, im Mai/Juni, sehr schön.

- Veilchen-Typ:

Von den 5 Kronblättern sind die beiden mittleren abstehend. Die Blüten sind meist nur 2,5 cm groß, Blütezeit März/Juni.
V. alba, ohne Ausläufer, Blüten weiß, im April/Mai, Halbschatten bis Schatten.
V. dissecta var. *eizanensis,* Japan, 12 cm hoch, gefiedertes Blatt, Blüte weißlich-rosa; torfig-humoser Boden, Halbschatten.
V. odorata, Duftveilchen, 5–10 cm hoch, Ausläufer, Blüte bis 2 cm groß, duftend, dunkelviolett, Halbschatten.
V. wockei, 20 cm hoch, Blüte rotviolett im April/Juni.
Die meisten Arten und Sorten von *Viola* sind nur zweijährig.

***Wulfenia,* Wulfenie**

W. carinthiaca, Kärnten, 20–30 cm hoch, Blüte dunkelviolett, 12 bis 15 mm, röhrig-glockig, in dichten Ährentrauben, Blütezeit Mai/Juni. Standort: Frischer bis feuchter, humos-lehmiger Boden.

Pflanzenauswahl

Allium, Lauch

Kräuter mit unterirdischer Zwiebel, kahl, unverzweigt. Riecht nach Zwiebel oder Knoblauch. Blütenstände doldenförmig oder kugelig.
Allium cyaneum, Enzianlauch, West-China, 15–20 cm hoch, Blütenköpfchen himmelblau im Mai/Juni.
A. flavum, Schwefellauch, 30 cm, Blüte hellgelb im Juni/August.

Allium narcissiflorum, besonders schöner, narzissenblütiger Lauch.

A. flavum 'Minus', ist eine niedliche Zwergform bis 10 cm.
A. moly, Goldlauch, 20–30 cm, große Einzelblüte, langgestielt, goldgelb im Mai/Juni, sehr schön.
A. narcissiflorum, narzissenblütiger Lauch, 20–30 cm, Blätter lineal, grundständig, Blüte purpurrosa, bis 2 cm groß, glockenförmig, aufrecht zu 3–6 Blüten, besonders schön.
A. insubricum, wie *A. narcissiflorum,* Blüten ebenfalls nickend, Blütezeit Mai/Juni. Beide Arten sind sehr attraktiv für halbschattige Stellen in steinigem, kalkhaltigem, lehmig-humosem Boden.
A. oreophilum (A. ostrowskianum), Rosenlauch, Turkestan, 10–20 cm hoch, Blüte karminrosa im Mai/Juni.
A. sphaerocephalon, Mittelmeer Blätter ca. 20 cm, Blütenschaft 30–60 cm, Blütendolde 3 cm Durchmesser, kugelig, Blüte dunkelkarminrot im Juli/August. Sehr interessante Staude.

Arum, Aronstab

Schöne Staude für schattige oder halbschattige, feuchte und trockene Stellen. Blütezeit April/Mai.
A. italicum, 15–60 cm hoch, Blätter hellgefleckt, pfeilförmig, Blütenscheide innen grünlich weiß, am Rande rötlich, Kolben gelblich, halb so lang wie die Scheide, die Früchte sind scharlachrot. Wegen Frostgefährdung geben wir Winterschutz.
A. maculatum, Blätter dunkelgrün, Blütenscheide weißlich-grün, Kol-

Arum maculatum, Aronstab, mit korallenroten Fruchtbeeren.

ben gelblich, Fruchtbeeren leuchtend korallenrot. Verträgt auch sonnige Stellen in durchlässigem, steinigem Kalkboden.

Chionodoxa, Schneestolz

Sehr hübsche, früh blühende Zwiebelpflanze mit strahlend blauen Blüten, die wir mit Schneeglöckchen und *Crocus* zusammenpflanzen.
C. sardensis, 10 cm, Blüten leuchtend enzianblau.
C. luciliae 'Rosea', hellrosaviolett.

Colchicum, Zeitlose

Blühen mit wenigen Ausnahmen im Spätsommer ohne Blattwerk. Blattaustrieb erfolgt im Frühjahr, in dessen Mitte die Samenkapseln sitzen. Das Laub stirbt im Frühsommer mit der Reife der Samen ab. Pflanzzeit im Sommer in allen Lagen des Steingartens.
C. autumnale, Herbstzeitlose, 15 cm, Blüte röhrenförmig, rosalila im September/Oktober, feuchter Standort.

Colchicum-Hybride 'Water Lily', Herbstzeitlose

Crocus flavus, Goldkrokus

C. autumnale 'Album', Blüte langröhrig, reinweiß.
C. speciosum var. *bornmuelleri,* 20 cm, Blüte sehr groß, rötlichlila mit weißer Mitte.
C. agrippinum (C. bulbocodium), Lichtblume, Frühjahrsblüher, Blütezeit März/April, purpurviolett.
C.-Hybride 'Water Lily', Blüte gefüllt, groß, kräftig lila, 20 cm, Blütezeit Oktober/November. Für frischen Boden.

Crocus, Krokus

Krokusse kennen wir in erster Linie als Verkünder des Frühlings. Es gibt jedoch auch herbstblühende Arten, die uns bis zum November mit ihrem bunten Blütenkleid erfreuen. Neben den sogenannten großblumigen Sorten sind die Wildarten und ihre Formen besonders schön. Gerade im Steingarten bilden sie zusammen mit Schneeglöckchen, Winterling, Adonisröschen und Schneeheide eine entzückende Blütengemeinschaft.
Frühblühende, großblumige Krokusse gibt es in gelb, blau, purpur, gestreift und weiß.

- Vorfrühlingskrokusse:

C. ancyrensis, tieforangegelb; *C. flavus (C. aureus),* orangegelb; *C. angustifolius,* goldgelb, braune Außenseite; *C. chrysanthus,* viele Sorten; *C. etruscus,* lavendelblau, außen graublau; *C. imperati,* gelb mit braunen Streifen, viele Sorten;

Crocus 'White Swan', Vorfrühlingskrokus

C. sieberi, himmelblau; *C. tommasinianus,* lila mit weißem Schlund.

- Herbstblühende Krokusse:

C. medius, lila; *C. sativus,* schieferblau; *C. speciosus,* blau; *C. speciosus* 'Albus', weiß blühend.
Wir pflanzen alle Korkusse etwa 10 cm tief, in Gruppen möglichst zu 10 Stück.

Cyclamen, Alpenveilchen

Die Wildalpenveilchen benötigen einen absonnigen bis halbschattigen Standort in frischer, kalkhaltiger, lehmig-humoser Erde, die mit Kalkschotter angereichert ist. Die Knollen liegen am besten ca. 5 cm unter der Erde, die wir im Winter mit Torf und Kiefernadeln leicht abdekken. Am besten wirken diese hübschen Pflanzen in Verbindung mit Zwergkoniferen und Schneeglöckchen.

C. coum, Blätter rundlich-nierenförmig, Blüten leuchtend karminrot, rosa, auch weiße Formen, 10 cm, Blüte im Februar und März.
C. hederifolium (C. neapolitanum), Blätter efeuartig, wintergrün, Blüte rosa, erscheint vor den Blättern im September/Oktober, ist etwas tiefer zu pflanzen.
C. purpurascens (C. europaeum), Blätter dunkelgrün, unterseits rötlich, 15 cm, Blüte rosarot duftend, Blütezeit August/Oktober.

Eranthis, Winterling

Echter Frühlingsvorbote.
E. cilicica, Blätter fein zerschlitzt, im Austrieb braun, Blüte tiefgelb im März.
E. hyemalis, Blätter handförmig gelappt, nach der Blüte erscheinend, 10 cm, Blüte gelb im Februar/März. Für sehr frischen Boden oder im Halbschatten und Schatten.

Eranthis hyemalis, Winterling

Pflanzenauswahl

Fritillaria, Fritillarie

F. meleagris, Schachbrettblume, Kiebitzei, Blätter schmal, Blüte weiß bis dunkelpurpur gescheckt, bis 30 cm, Blüte im April/Mai, für frischen Boden. Pflanztiefe der 2 cm großen Zwiebeln 10 cm. Verschiedene Formen blühen weiß, dunkel purpur und rötlich-violett.

Galanthus, Schneeglöckchen

G. elwesii, Großglockiges Schneeglöckchen, 20 cm, Blüte groß, äußere Kelchzipfel weiß, innere grün, Blüte im Februar/März.
G. nivalis ist mit 15 cm etwas kleiner, für feuchte, halbschattige Stellen.

Iris, Schwertlilie, siehe S. 74 f.

Lilium, Lilie

Für die Hintergrundbepflanzung des natürlichen Steingartens vor und zwischen Nadelgehölze (Koniferen) pflanzen wir Wildlilien, Stauden mit unterirdischen Schuppenzwiebeln, sehr auffälligen Blüten, schalenförmigen, zurückgeschlagenen Perigonblättern und herausragendem Stempel und ebensolchen Staubgefäßen. Blütezeit Mai/Juni.
L. martagon, Türkenbundlilie, 80 cm hoch, Blüte weinrot, braun gefleckt.
L. martagon 'Album', Blüten reinweiß.
L. bulbiferum, Feuerlilie, 30–90 cm hoch, Blütenschale 10 cm breit, Blüten zu 1–5, leuchtend orange mit dunklen Flecken, die Brutzwiebeln sitzen in den Achseln.

Galanthus nivalis, Schneeglöckchen

Lilium pomponium, Lilie

Muscari armeniacum, Traubenhyazinthe, bezaubernder Frühlingsbote.

L. bulbiferum ssp. *croceum* hat nur selten Brutzwiebel, in der Blütenschale sind die dunklen Flecken zahlreicher.
L. carniolicum, Krainer Lilie, 20 bis 90 cm hoch, Blüten einzeln, turbanartig, zinnoberrot mit Flecken.
L. pomponium, 20–60 cm hoch, Blüten 3–8, scharlachrot, schwarz gepunktet. Am besten absonnig im Kalkschotter.

Muscari, Traubenhyazinthe

Frühlingsblüher mit fleischigen Blättern und dicht gedrängten Trauben meist blauer Blüten im April/Mai.
M. armeniacum, 15 cm, Blüten tief kobaltblau mit weißlichen Spitzen.
M. botryoides, 15 cm, himmelblau.
M. botryoides 'Album', reinweiß.
M. comosum 'Plumosum', bis 40 cm, Blüten rötlichblau mit violettblauen Staubfäden.

Narcissus, Narzisse

Narzissen gehören zu den beliebtesten Frühlingsblühern im April/Mai. Ihre gelben, weißen und weißgelben Blüten stehen meist einzeln aber auch in Dolden. Für den Steingarten

Narcissus bulbocodium, Reifrocknarzisse, schöner Frühlingsblüher.

wählen wir die zwergigen Wildnarzissen und deren Formen und Sorten. Besonders schön sind:

N. bulbocodium, Reifrocknarzisse, 10–15 cm.

N. cyclamineus, Alpenveilchennarzisse, 10–15 cm.

N. triandrus, Engelstränennarzisse.

N. jonquilla und ihre stark duftenden Sorten.

Wir pflanzen alle Zwiebeln 10 cm tief direkt in den Steingarten oder in Plastiktöpfe von 8 × 8 cm, die wir im Steingarten bis spätestens Mitte November bis 1 cm über den Topfrand einsenken. Nach der Blüte im Frühling nehmen wir die Töpfe wieder heraus und senken sie in einer halbschattigen Ecke unseres Gartens ein. Im darauffolgenden Herbst werden die Zwiebeln in frische sandige Erde umgetopft und wieder in den Steingarten eingesenkt.

Die direkt in das Freiland gesetzten Zwiebeln sollte man alle 3–4 Jahre aus der Erde herausnehmen, die Horste teilen und an neuer, frischer Stelle wieder einsetzen.

***Puschkinia,* Puschkinie**

P. scilloides, breitlanzettige Blätter, hyazinthenartige Blüten, lichtblau, weiß gestreift, in Trauben, 20 cm. Ganz entzückender Frühlingsblüher, der sich auch selbst aussät, ohne lästig zu werden. Wir vermehren sie selbst durch Brutzwiebeln im August oder durch Aussaat.

Scilla, Blaustern

Sehr hübscher Frühlingsblüher.
S. litardierei (S. amethystina), mit leuchtend blauen Blütenglöckchen, 30 cm, Blüte im April/Mai.
S. mischtschenkoana (S. tubergeniana), mit großen Blütenglocken, hellblau, dunkelgestreift, Blüte im März/April.
S. siberica, mit sehr schönen blauen Blüten, nur 10 cm hoch, Blüte im März/April.

Tulipa, Tulpe

Für den Steingarten suchen wir natürlich nur die schönsten Arten und Sorten aus. Sie sollen ja zu allen anderen niedrigen Frühlingsblühern passen und sie in ihrer Schönheit und Anmut ergänzen. Blütezeit April/Mai.
T. aucherana, Blüten dunkelrosa, 8 cm.
T. batalinii, Blüten blaßgelb mit dunkler Mitte, 15 cm.
T. clusiana, Blüten karminrosa, innen weiß.
T. clusiana var. *chrysantha,* Blüte zitronengelb, außen rosa angehaucht, 15 cm.
T. fosteriana 'Gold Beater', Blüte goldgelb, 30 cm.
T. fosteriana 'Princeps', Blüte scharlachrot, 25 cm.
T. humilis (T. pulchella, T. violacea), Blüten zart violettrosa bis dunkel malvenrot, 10 cm, mit gelber oder schwarzer Mitte.
T. kaufmanniana, Blüte rahmweiß mit rosa, 20 cm; besonders schön sind auch die Kaufmanniana-Hybriden mit ihren weißen, gelben, rosa und roten Blüten.
T. tarda, Blüte weiß mit gelbem Auge, 3–5 Blüten je Zwiebel, 10 bis 15 cm; sehr schöne, zwergige Art.
T. undulatifolia (T. eichleri), Blüte zinnober mit schwarzem, gelb umsäumtem Grundfleck, 30 cm.
Weitere Formen siehe Angebot der Gärtnereien.

Tulipa humilis, Wildtulpe

Tulipa tarda, eine Wildtulpe

Pflanzenauswahl

Carex buchananii, Fuchsrote Segge

Carex montana, Bergsegge

Die Familien der Gräser umfassen tausende von verschiedenen Arten. Für den Steingarten wählen wir Gräser, die andere Stauden harmonisch ergänzen, einen Steingartenabschnitt betonen oder durch ihre eigene Schönheit oder Eigenart unsere Aufmerksamkeit finden.

Agrostis

A. alpina, Straußgras, zartes Schleiergras, 15–20 cm hoch.

Alopecurus

A. lanatus, Fuchsschwanzgras, weißfilziges Zwerggras aus den Hochgebirgen Kleinasiens; nur 5–10 cm hoch. Interessanter Fels- oder Geröllbewohner für sehr trokkenen Platz in voller Sonne.

Carex, Segge

C. baldensis, Monte-Baldo-Segge, 10–25 cm, graugrüne Horste mit weißlichen Ähren; sehr hübsch für steinige, nicht zu trockene Böden.
C. buchananii, Fuchsrote Segge, Neuseeland, 30–50 cm hohe, dünne, rotbraune, leicht überhängende, lockere Büschel bildend. Sie erscheint im Frühling und Sommer wie abgestorben. Im Winter dagegen wirken die vom Eis bereiften Halme wie zartes Silber. Platz am besten zwischen *Erica herbacea (E. carnea),* der Schneeheide.
C. firma, Polstersegge, 5–20 cm

hoch, halbkugeliges Polster, Blätter kurz, fest. Standort: Fels, Geröll; als Bodendecker verwendbar.
C. montana, Bergsegge, knolliger Wurzelstock, flache Horste bildend, Blätter dünn, überhängend. Sehr schöne bräunliche Herbstfärbung. Ähren blaß, ockergelb, 20 cm, stark wachsend.
C. ornithopoda 'Variegata', Vogelflußsegge, Blätter schmal, überhängend, weißbunt, 15 cm dichter Horst. Für frische bis feuchte Stellen.

Festuca, Schwingel

F. alpina, Alpenschwingel, 10 bis 20 cm, sehr feine Blätter, bildet frischgrüne, sehr hübsche Polster.
F. glacialis, Gletscherschwingel, 10–15 cm, zarthalmig, bleichgrün, kleine Polster bildend, die dann zusammenwachsen. Sehr gute Betonung für Hochgebirgsstimmung. Am besten in Gesellschaft niedriger Gebirgspflanzen in Stein, Fels und Geröll.
F. cinerea (F. glauca), Blauschwingel, 15–20 cm, dichte Büschel bildend, Blätter sehr schön blau. Für Zwischenpflanzungen, einzeln oder in Gruppen.
F. punctoria, Stachelschwingel, 10–15 cm, Blätter hart, stechend.
F. valesiaca 'Glaucantha', Zwergblauschwingel, 10–20 cm, Blätter blaugrün. Für trockene, sonnige Plätze.

Festuca cinerea, Blauschwingel, hat schöne blaue Blätter.

Zwischenpflanzung von verschiedenen Farnen.

Wenn wir von Farnen sprechen, denken wir an romantisch anmutende Stellen im Wald, an schattige, feuchte Felswände, vermodernde Baumstümpfe, den nach Pilzen duftenden Waldboden.
Farne erscheinen uns geheimnisvoll, zum Beispiel durch ihren eigenartigen Austrieb im Frühjahr, die wunderschönen, teilweise filigranhaft wirkenden Wedel im Sommer und die herrliche herbstliche Verfärbung von leuchtenden Gelbfarben bis zum dunkelsten Braun. Wir kennen aber auch Farne, die Trockenheit vertragen und sich in voller Sonne in Fels und Geröll wohlfühlen.
Die den Schatten liebenden kleinen Farne setzen wir möglichst auf die Nordseite zwischen Ramondien, Haberleen, Soldanellen, direkt in zerfallende Baumreste oder zwischen feuchte Felsen. Wir verwenden Waldhumus, den wir aus zerfallenden Rinden, alten Baumwurzeln, Torfmull und Lauberde gewinnen. Zur Not hilft auch langfaseriger dunkler Torf, den wir mit etwas Humus anreichern.

Schattenliebende Farne

Asplenium, Steinfeder

A. trichomanes, 10–15 cm, Blattstiele schwarzbraun, immergrün.
A. viride, Blattstiele grün, 10 cm.

Blechnum, Rippenfarn

B. spicant, wintergrün, Wedel einfach gefiedert, ca. 30 cm. Für kalkarme, lehmige Plätze mit Nadelhumus und langfaserigem dunklem Torf.

Cystopteris, Blasenfarn

C. bulbifera, lange schmale Wedel, ca. 40 cm, stark wachsend.
C. fragilis, Wedel 10–70 cm lang, büschelig wachsend, typischer Felsbewohner.

Matteuccia, Straußenfarn

M. struthiopteris (Struthiopteris germanica), wertvoller Schattenfarn, wächst senkrecht nach oben, zweierlei Wedel, hellgrüne, sporenlose Trichterwedel und sporentragende, straußenfederähnliche Wedel, 60–80 cm hoch. Für schattige, feuchte Stellen in größeren Anlagen.

Phyllitis, Hirschzunge

P. scolopendrium (Scolopendrium vulgare), Hirschzungenfarn. Charakterpflanze unserer Bergwälder und Schluchten, 20–30 cm, Wedel kahl, immergrün. Bester Standort an kalkhaltiger, feuchter Felswand auf der Nordseite.

Sonnig und absonnig wachsende Farne

Asplenium, Streifenfarn

A. ruta-muraria, Mauerraute, 3 bis 5 cm hoch. Liebt sonnige und absonnige trockene Plätze in Mauern und Felsspalten.
A. septentrionale, Gabelstreifenfarn, 10–15 cm hoch, immergrüne Wedel, geweihartig, ledrig. Für Urgestein in Felsfugen (kalkfliehend!).

Ceterach, Schriftfarn

C. officinarum, Wedellänge 10 bis 20 cm, bevorzugt trockene Plätze in Kalkfelsen oder in steinigem Humus auf der Südseite. Interessante Erscheinung für den Steingarten.

Matteuccia struthiopteris, Straußenfarn

Wichtige Tips

Beschaffung und Eingliederung des Pflanzenmaterials

Viele Anregungen für die Gestaltung unseres Steingartens holen wir uns auf unseren Wanderungen im Gebirge. Aber auch die botanischen Gärten, die über alpine Anlagen, Trockenmauern, Terrassenbeete oder Steingärten verfügen, zeigen uns in eindrucksvoller Form die faszinierende Wirkung vorbildlicher Pflanzungen.
Die Namen der einzelnen uns interessierenden Pflanzen entnehmen wir der Aufschrift der sich bei den Pflanzen befindlichen Etiketten. Deshalb sollten wir beim Besuch derartiger Anlagen stets ein Notizbuch und Bleistift oder Kugelschreiber bei uns führen, um alles notieren zu können, was uns interessiert. Im Laufe des Jahres bemühen wir uns um Kataloge von Spezialgärtnereien. Spätestens im Herbst, ab September, richten wir je nach unseren Gartenplänen, Wünschen und finanziellen Möglichkeiten die Bestellungen mit Angabe des Liefertermins an die Gärtnereien, damit unsere Pflanzen rechtzeitig zum Beginn des Frühlings bei uns eintreffen. Man kann natürlich auch im Herbst pflanzen, vor allem Koniferen und Stauden, die in Containern

Ein Frühlings-Steingarten.

Anlage mit Granitplatten gestaltet.

kultiviert werden. In Gärtnereien und im Gartencenter können wir uns darüber hinaus auch direkt informieren und an Ort und Stelle unsere Auswahl treffen.

Pro Art oder Sorte sollten wir im Steingarten möglichst 3 Stauden zusammensetzen, damit eine gute Wirkung erzielt wird.

Auch sollte man nie zu eng pflanzen, damit sich die einzelnen Exemplare gut entwickeln können. Die besten Plätze werden von den Fels- und Geröllsiedlern besetzt, vom Steinbrech, kleinen Glockenblumen, Bergprimeln usw. Wenn diese noch nicht zur Verfügung stehen, lasse man diese Logenplätze frei.
Wenn unsere Pflanzen per Bahn oder Post ankommen, müssen wir sie sofort auspacken und bei Bedarf gründlich wässern. Werden die Pflanzen in Töpfen oder Containern angeliefert, ist die während des Versands herausgefallene Erde sofort nachzufüllen. Die nicht in Behältern gelieferte Ware setzen wir unter Beachtung der speziellen Ansprüche unserer neuen Steingartenbewohner in Töpfe, die wir zusammen mit den übrigen Neuankömmlingen bis zur endgültigen Einpflanzung an einer absonnigen Stelle plazieren.
Auf einer Liste halten wir alle neu eingetroffenen Pflanzen alphabetisch fest. Dann schreiben wir für jede einzelne Art oder Sorte ein Stecketikett und beschriften es mit einem wetterfesten Stift (z. B. edding 400).
Wenn wir beispielsweise einen Enzian, *Gentiana acaulis,* ausgepflanzt haben, stecken wir das Etikett, mit der Schriftfläche nach Norden zeigend, so tief in die Erde, daß der botanische Name gut lesbar bleibt.

Die nach der Nordseite gerichtete Schrift bleicht nicht so schnell aus.
Wenn wir größere Lieferungen erwarten, benötigen wir für Erdnachfüllungen oder das Einpflanzen in Töpfe stets einen ausreichenden Vorrat an geeigneter Pflanzerde, Torfmull, kalkhaltigem und kalkfreiem Sand. Das Gros der Steingartenpflanzen benötigt jedoch lediglich ein durchschnittliches Substrat von abgelagertem Humus, Torf und Sand zu gleichen Teilen.
Die Pflanzung unserer Gebirgsstauden in den Steingarten erfolgt möglichst bei trübem oder nicht zu sonnigem Wetter. Je nach Bedarf der zu pflanzenden Arten können wir nun noch eine kleine Erdkorrektur vornehmen. Das heißt, für Fels- oder Geröllsiedler können wir der Pflanzstelle noch etwas Kies oder Schotter beimengen, weil wir das obere Erdreich noch zu neutral gehalten haben. Nach der Pflanzung können wir die Erdoberfläche mit Kies oder Splitt abdecken. Damit schützen wir bei empfindlichen Pflanzen den Wurzelhals vor Fäulnis und verstärken die Wasserdurchlässigkeit.
Nach dem Pflanzen gießen wir gut an. Keinesfalls sollte dies mit dem Schlauch geschehen, sondern mit einer geeigneten Gießkanne. Nun beobachten wir das Gedeihen unserer neuen Bewohner, halten die Pflanzflächen im Frühjahr feucht, indem wir den Steingarten je nach Bedarf mit einem möglichst sanften Wasserstrahl überbrausen.
Eine weitere Möglichkeit zur Beschaffung von Pflanzenmaterial ist der Austausch von Pflanzen. Als Mitglied einer Gartenliebhaber-Gesellschaft ist es am leichtesten, gleichgesinnte Hobbygärtner zu finden, um Erfahrungen und in diesem Falle auch Pflanzen auszutauschen. Es empfiehlt sich deshalb, stets einige Stauden in Reserve zu halten, die wir am besten in Töpfen gesondert plaziert haben. Aus der gegenseitigen Besichtigung der Steingärten ergeben sich darüber hinaus neue Anregungen für die Gestaltung und Anzucht sowie Kenntnisse über Bezugsquellen von Pflanzen und vieles mehr.
Der größte Gewinn bei Besichtigungen von botanischen Gärten ist die Begegnung mit ausgesuchten Steingartenpflanzen, die wir noch nicht kennen. Hier zeigt sich die Möglichkeit, bisherige Grenzen zu überschreiten, neue Pflanzungen einzuplanen und bisherige Arbeiten zu verbessern.

Tuffstein mit Steinbrech und Büschelglocke.

Wichtige Tips

Pflege

Nachdem neuerdings die Schneeverhältnisse im Norden oft besser sind als im Süden, kann zumindestens zur Winterzeit von bemerkenswerten Temperaturdifferenzen im Nord/Südgefälle kaum noch die Rede sein. Der Steingarten im Norden muß genau wie der im Süden oder Westen vor Kahlfrösten geschützt werden, indem wir zumindest die gefährdeten Pflanzen auf der Südseite wegen der bestehenden Vertrocknungsgefahr im Winter mit Tannen- oder Fichtenreisig abdecken.
Im Frühling brauchen alle Gebirgspflanzen, auch die im Fels und Geröll wachsenden Stauden, sehr viel Feuchtigkeit. Denken wir nur an die Situation zu Beginn der Schneeschmelze im Gebirge. Zu diesem Zeitpunkt stehen viele Pflanzen direkt im Wasser oder treiben ihre zarten Blüten durch die von der Frühlingssonne brüchig gewordene Schneedecke. Die empfindlichen Fels- und Geröllbewohner sind auch bei stärkster Schneeschmelze oder bei entsprechenden Wassergüssen im Steingarten ohnehin nicht gefährdet, weil wir durch die reichliche Beimischung von Sand, Steinen und Geröll für eine geradezu vorbildliche Wasserdurchlässigkeit gesorgt ha-

Pulsatilla vulgaris, Küchenschelle

ben. Die mehr Humus und Feuchtigkeit liebenden Pflanzen haben bei richtiger Versorgung den Vorteil der wasserhaltenden Kraft durch den hohen Anteil von Torf und Lehm.
Die Entwicklung unserer Gebirgspflanzen im Frühling ist ohnehin nur durch eine dauernde, ausreichende Bodenfeuchtigkeit gesichert. In sehr lufttrockenen Gebieten muß es darüber hinaus unsere Aufgabe sein, auch für eine wirksame Luftfeuchtigkeit zu sorgen. Besonders bei anhaltenden Sonneneinstrahlungen überbrausen wir unseren Steingarten, die Trockenmauern, Terrassenbeete und Tröge je nach Bedarf mehrmals mit feinster Brause. Ihre Pflanzenlieblinge sind Ihnen dankbar für dieses Entgegenkommen. Dies gilt auch besonders für heiße Sommertage.
Der Wasseranspruch der Stauden reduziert sich jedoch bei zunehmender Ausreifung (nach der Blüte), das heißt, wir dürfen zum Beginn des Sommers nicht zuviel und nur bei fortschreitender Trokkenheit gießen. Steine und Felsen haben übrigens auch die Fähigkeit, Wasser zu halten und langsam abzugeben, eine Eigenschaft, die zum Beispiel den Fels- und Geröllbowohnern sehr zustatten kommt. Im Sommer müssen wir darauf achten, trockenheitsliebende Pflanzen auch als solche zu behandeln. Wenn Sie es nicht tun, faulen die Blätter ab, die Pflanze geht ein. Schon deshalb muß man trockenheitsliebende Pflanzen möglichst zusammenpflanzen, genauso, wie wir es mit anderen Pflanzen für extreme Standorte tun. In den Gebieten mit sehr trokkenem Klima empfiehlt es sich, einen Tümpel oder kleinen Teich in unmittelbarer Nähe des Steingartens anzulegen, um eine ausreichende Luftfeuchtigkeit zu erzielen. Mit dem Anlegen eines Tümpels oder gar eines größeren Teiches eröffnen sich Ihnen darüber hinaus zusätzliche Gartenfreuden.
Neben der Boden- und Luftfeuchtigkeit gilt unser besonderes Interesse den speziellen Bodenverhältnissen, die für die einzelnen Pflanzengattungen von lebenswichtiger Bedeutung ist. Im Kapitel Pflanzenauswahl finden Sie zahlreiche Hinweise über die von den einzelnen Pflanzenarten beanspruchten Standorte, die Sie bei der Bestükkung Ihres neuen Steingartens unbedingt beachten wollen. Am Beispiel des Standortes für das Edelweiß erkennen wir, unter welchen Voraussetzungen sich diese alpine Pflanze auch im Tiefland zu ihrer vollen Schönheit entfalten kann. Wärme, Licht, Humusgehalt in Verbindung mit dem erforderlichen Grad an Luft- und Bodenfeuchtigkeit gilt es auf die Belange der Pflanze abzustimmen. Würden wir das Edelweiß auf ein mit viel Kompost und Dünger stark angereichertes Staudenbeet pflanzen, würde es vergrünen oder ausarten. Auf magerem Substrat, auf der Südseite, in

Wichtige Tips

Primula × vochinensis, schöner Wildbastard

durchlässigem, aber etwas wasserhaltendem Boden, angelehnt an einen wasserspeichernden Fels erleben wir die ganze Schönheit des Alpensterns. Alpenprimel, zum Beispiel *Primula auricula,* pflanzen wir in torfig-humose Erde wie den Enzian, dessen herrliches Blau wir auf den moorigen Bergalmen bewundern.
In manchen Gegenden ist die Sonneneinstrahlung in Verbindung mit dem Grad der Luftfeuchtigkeit der unberechenbarste Faktor. Hier helfen uns zwei Dinge: Einmal ein zusätzlicher Schattenspender und als Ergänzung ein wirksamer Sprühnebel auch zur Mittagszeit. Den Schatten schenkt uns bei richtiger Plazierung und entsprechender Größe ein Fels oder eine Konifere, den oder die wir beispielsweise vor eine gefährdete Enzianpflanzung setzen.
Aus der dauernden diesbezüglichen Beobachtung lernen wir mit der Zeit derartige Schwachstellen zu erkennen und mit Erfolg abzustellen.
Unter den Steingartenpflanzen gibt es aber leider auch Arten, die trotz aller Bemühungen ausarten, wie zum Beispiel *Myosotis alpestris.* Deshalb bevorzugen wir *Myosotis rupicola* oder für ganz feuchte Stellen besonders im Frühjahr *Myosotis rehsteineri,* die nur 3–5 cm hoch wird. Um so mehr freuen wir uns über die Vielzahl der Felsenbewohner, wie etwa der Saxifragen *Kabschia,* die im Tiefland keinerlei Gestaltungsänderungen zeigen. Wir müssen nur darauf achten, daß wir diese entzückenden kleinen Steinbreche auf die Ostseite der Felsen pflanzen.
Bezüglich der Blühwilligkeit erleben wir mit einigen besonders attraktiven Bewohnern der Hochgebirge im Tiefland leider eine ausgesprochene Enttäuschung. *Potentilla nitida,* im Hochgebirge geschmückt mit herrlichen zartrosa Blüten, zeigt im Steingarten meist nur ihre silbergrauen Blattpolster.
Trotzdem verbleiben uns ausreichend viele Schätze, die uns bei richtiger Pflege mit einem wunderschönen Blütenflor beschenken.

Düngung

Müssen wir unsere Gebirgspflanzen düngen? Am Anfang steht ja ohnehin die Bodenuntersuchung. Schon hierbei erfahren wir, wie hoch der pH-Wert ist, was unserem Boden fehlt, oder ob wir den pH-Wert absenken oder anheben müssen. Wir wollen in erster Linie unseren Pflanzen das geben, was sie unbedingt benötigen. Sie sind es gewohnt, sich in kargen Böden zu entwickeln. Also wäre es falsch, unseren Steingarten mit riesigen Mengen von Düngemitteln anzureichern.

Seien Sie also vorsichtig bei der Verwendung von Düngemitteln und beobachten Sie um so mehr das Gedeihen Ihrer Pflanzen, um dann im richtigen Augenblick das Richtige zu tun.

Saxifraga-Kabschia-Hybride, Steinbrech

Vermehrung

Für die Erhaltung und den weiteren Ausbau unseres Steingartens ist die Vermehrung des bereits vorhandenen Pflanzenmaterials und die Anzucht neuer Pflanzen unerläßlich. Erst die Vielfalt der Steingartenpflanzen beschert uns naturnahes Erleben und ein dauerndes Blühen vom Februar bis zum Eintreten des Winters. Mit der steigenden Vielzahl der verschiedenen Arten und Sorten wächst auch unser Engagement, steigert sich also die Freude an unserem Hobby, regt uns zu immer größeren Aktivitäten in dieser Richtung an. Und nur so führt es zum Erfolg, mit tiefgreifendem Interesse, entsprechender Ausdauer, Liebe zur Pflanze und mit viel Geduld.

Die generative Vermehrung

Begnügen wir uns zum großen Thema »Vermehrung« lediglich mit den für uns wichtigsten Hinweisen.

Saattöpfe, in Torfmull eingesenkt.

Der Vermehrung durch Samen (generativ = geschlechtlich) ist für uns nach wie vor der einfachste und sicherste Weg, unsere Pflanzenbestände zu erhalten und auszubauen. Beachten wir hierbei, daß wir eine echte Nachzucht nur von reinen Arten erhalten können, also keineswegs von Hybriden und Formen. Am einfachsten ist es, am Naturstandort den Samen zu ernten, da wir dann immer die Gewißheit haben, daß der Samen frisch und echt ist. Da aber nur wenige Pflanzenliebhaber Wildstauden ohne ihren charakteristischen Blütenschmuck erkennen, stehen wir vor dem Problem, garantiert echtes und frisches Saatgut rechtzeitig zu erhalten.

Samenernte und Beschaffung von Samen

Am Anfang steht die Samenernte im eigenen Steingarten. Achten wir darauf, wann der Samen reif wird, die Samenkapseln also braun werden und sich zu öffnen beginnen. Bei einigen Arten, zum Beispiel bei *Geranium,* muß man schon bei beginnendem Reifezustand den Samen ernten, da er sonst weggeschleudert wird. Auch bei Ranunculaceen, Androsacen, Bergprimeln

Oben: Vorbereitung für die Aussaat.
Mitte: Junge Sämlinge zum Pikieren.
Unten: Samen für die Aussaat.

sollte man nicht zu lange mit der Ernte warten, damit die Samenschalen sich nicht allzusehr erhärten. Der geerntete Samen wird in Behältern (Dosen, offenen Gläsern, Papiertüten) möglichst kühl, trocken und gesichert vor Mäusen und Vögeln bis zum Herbst gelagert. Selbstverständlich haben wir überall ein Etikett beigefügt, natürlich mit botanischer Bezeichnung, und alle Arten auf einer Liste festgehalten, damit wir auch wissen, was wir zum eventuellen Tausch anbieten können. Nachdem der Samen abgetrocknet ist, etwa im September/Oktober, wird er, soweit dies noch notwendig ist, aus den Kapseln herausgenommen oder von vertrockneten Pflanzenresten gesäubert. Wir schütten den nun gebrauchsfähigen Samen in offene Schalen (Marmeladenbehälter aus Plastik) und fügen selbstverständlich das dazugehörige Etikett bei. Bester Standort ist ein kühler und trockener Raum. Falls wir einer Gartenliebhabergesellschaft (siehe Seite 11) angehören, haben wir die Möglichkeit, Samen aus eigener Ernte zur Verfügung zu stellen und am Gesamtangebot zu partizipieren.

Darüber hinaus bieten die einschlägigen Gärtnereien, insbesondere aus Deutschland, England und Schottland, Sämereien an. Somit sind dem ehrgeizigen Hobbygärtner alle Möglichkeiten gegeben, seine Schätze zu vermehren.

Bei der Bestellung von Samen sollten wir uns stets überlegen, welche Arten wir in unserem Steingarten in größerer Anzahl ansiedeln wollen und können. Auch gibt es herauszufinden, welche Ansprüche die ausgewählten Arten haben. Sobald wir unsere Samenbestellungen erhalten, erstellen wir eine alphabetisch gegliederte Liste und vermerken hinter jeder Samensorte, unter welchen Bedingungen die heranzuziehende Art sich erfolgreich entwikkeln kann.

Die Aussaat

Für die bevorstehenden Aussaaten treffen wir rechtzeitig die entsprechenden Vorbereitungen. In einem trockenen Raum lagern wir unkrautfreien, gesiebten, abgelagerten Kompost, alte Lauberde, Heideerde, Moorerde, Torfmull, Flußsand, Quarzsand und Kies. Wir füllen die verschiedenen Substrate in Eimer, damit wir alles griffbereit haben. An Tontöpfen brauchen wir 9er- und 12er-Größen. Außerdem benötigen wir Kisten mit Lattenrostböden, Höhe 20–25 cm, Breite × Länge 50 × 50 cm, die wir zur Hälfte mit angefeuchtetem Torfmull füllen, in dem dann die Saattöpfe bis zum Rand eingesenkt werden. Dadurch erhalten wir die Voraussetzung für eine gleichmäßige Feuchtigkeit der Aussaaten, die für eine störungsfreie Keimung unerläßlich ist.

Bereits im Oktober/November beginnen wir mit der Aussaat von

Saxifraga marginata, Steinbrech der Sektion Kabschia

Adonis, Delphinum, Helleborus, der Androsacen und Primeln. Anfang Februar säen wir dann alle anderen Arten aus. Alpenpflanzen sind zum überwiegenden Teil Frostkeimer. Das heißt, sie brauchen zur Keimung die Einwirkung des Frostes und auch des Schnees. Deshalb erfolgt die Aussaat Anfang des Jahres.
Für die Aussaat verwenden wir stets saubere Tontöpfe. Wir bedekken den Boden der Töpfe mit einer 2–3 cm hohen Schicht mit Kies, damit das Gießwasser gut abfließen kann. Dann füllen wir den Topf mit der für die jeweilige Art erforderlichen Erdmischung bis etwa 1–2 cm unterhalb des Topfrandes. Die Erde muß gesiebt sein. Je feiner der Samen, desto sorgfältiger sollte die Oberfläche der Saaterde vorbereitet werden. Wir drücken dann die Erde ganz leicht an. Zur Aussaat nehmen wir stets nur so viel Samenkörner, daß der aufgehende Samen nie zu

dicht stehen wird. Wir nehmen also lieber etwas zu wenig als zu viel Samen auf die innere Handfläche und lassen den Samen durch die Rinne der gefalteten Hand langsam in den Saattopf gleiten. Mit einem feinen Sieb bedecken wir dann hauchdünn den ausgesäten Samen mit einem sandig-humosen Substrat und drükken die Erde leicht an. Mit einer feinen Brause wird vorsichtig angegossen; der Samen darf dabei nicht weggeschwemmt werden. Dann versenken wir die Töpfe in unsere vorbereiteten Kisten, die dann, möglichst überdacht, dem Frost ausgesetzt werden. Es ist unbedingt empfehlenswert, die Kisten mit einem Maschendraht vor Vögeln und anderen Tieren zu schützen. Bei Schneefällen sollten wir unsere Saatkisten dem Schnee aussetzen oder sie damit zudecken.

Pikieren und Pflanzen
Schon in den ersten Frühlingstagen können wir das Keimen beobachten, das jedoch äußerst unterschiedlich erfolgt. *Cyclamen* keimen oft erst im darauffolgenden Oktober, *Adonis* eventuell erst im kommenden Jahr. Haben wir also Geduld. Sobald die Keimlinge kräftig werden oder das dritte Blatt erscheint, beginnen wir zu pikieren, das heißt, wir nehmen die jungen Sämlinge vorsichtig aus dem Saattopf und pflanzen sie in vorbereitete größere Töpfe oder Kistchen. Dies sollte möglichst bei kühler Witterung erfolgen. Die pikierten Sämlinge sollten dann vor zu starker Sonneneinstrahlung geschützt werden. Am besten senken wir die Töpfe und Schalen mit den pikierten Sämlingen an einem geschützten Standort auf der Ostseite des Hauses in die Erde und halten sie gleichmäßig feucht.
Kräftige Pflanzen kann man bereits im Spätsommer auspflanzen. Erfahrungsgemäß ist es aber besser, Jungpflanzen zunächst in 8er-Töpfe (Plastik) zu pflanzen und erst im zweiten oder sogar im dritten Jahr auszupflanzen. Sie haben dann die Gewißheit, daß die Pflanze blühfähig und gesund ist.

Gentiana acaulis, Stengelloser Enzian

Vermehrung einer Primel.

Vorsichtige Teilung.

Die vegetative Vermehrung

Die vegetative = ungeschlechtliche Vermehrung durch Teilung, Stecklinge, Wurzelschnittlinge, Blattstecklinge oder Ableger setzt bereits fortgeschrittene Kenntnisse voraus. Lediglich die Teilung ist relativ unkompliziert. Bereits im Sommer nach der Blüte teilen wir die Polster vorsichtig auseinander. Hierbei achten wir auf die ausreichend verbleibende Bewurzelung der Teilstücke. Robuste Pflanzen können wir sofort wieder einpflanzen. Empfindliche Arten setzen wir nach der Teilung am besten erst in Töpfe. Wir benutzen ein torfreiches Substrat, auch bei kalkliebenden Arten, wie zum Beispiel Saxifragen. Wir senken die Töpfe mit den Teilstücken an absonniger Stelle in die Erde (gleichmäßige Feuchtigkeit!). Im darauffolgenden Frühjahr haben sich die Pflanzen ausreichend bewurzelt, um dann ausgepflanzt werden zu können. Zwiebel- und Knollengewächse vermehren wir wie die Stauden durch Aussaat, Brutzwiebeln oder Schuppen (wie bei *Lilium*). Nach der Blüte können die zu groß gewordenen Zwiebel- und Knollenhorste aus der Erde heraus genommen und neu eingesetzt werden. Krokuszwiebeln setzen wir in lockere Erde. Im dichten Rasen können sie sich nicht entfalten.

Zum Auspflanzen fertig.

Krankheiten und Schädlinge

Vielleicht fragen Sie sich, warum die im Gebirge wild wachsenden Kostbarkeiten nicht im Tiefland gedeihen, am Wegesrand, auf Weiden und Wiesen. Im Tiefland entwickelt sich aufgrund der Boden- und Umweltverhältnisse alles üppiger. Ein Edelweiß, in eine normale Gartenwiese gepflanzt, würde durch hohes Gras oder Unkräuter erstickt werden. Schon aus diesem Beispiel ergibt sich eine der wichtigsten Aufgaben für den Besitzer eines Steingartens: die **Vernichtung des Unkrauts** von Hand, also ohne jegliche chemische oder technische Hilfsmittel.

Zu den schlimmsten Unkräutern gehören alle Gräser, Quecken, Giersch, Winden, Waldkresse und einige mehr. Auch die besonders stark wuchernden Pflanzen, wie *Cerastium biebersteinii,* das Hornkraut, *Hieracium aurantiacum,* das Habichtskraut, *Sedum acre,* oder auch stark samende Stauden gefährden unsere Lieblinge in gleichem Maße.

Unkräuter auf oder zwischen Platten vernichten wir durch auf dem Markt angebotene Spritzmittel.

Tierische und pilzliche Schädlinge gibt es ja genug auf der Welt. Befassen wir uns wenigstens mit denen, die wir ohne besondere Vorkenntnisse wirkungsvoll bekämpfen können.

Nematoden oder »Älchen« sind kleine Würmer. Sie schädigen die Wurzel einer Pflanze und ermöglichen Bakterien das Eindringen, das meist zum Zerfall der Pflanze führt. Sobald wir kranke Stellen an einer Pflanze feststellen, entfernen wir alle schadhaften Blätter und verbrennen sie. Zur Bekämpfung gibt es sehr wirksame Mittel, die im Handel erhältlich sind.

Ameisen können sehr unangenehm werden. Sie dringen in die Polster ein, die dann meist Schaden erleiden. Ausgezeichnete Streu- und Gießmittel sind im Angebot. Blattläuse sind hinreichend bekannte Schädlinge, die wir ebenfalls mit geeigneten Streu- und Spritzmitteln bekämpfen.

Dickmaulrüßler, 12 mm lange schwarze Rüsselkäfer, benagen die Blätter der Pflanzen. Im Sommer finden wir deren Eier im Laub- und Komposthaufen. Die etwa 12 mm langen weißen Larven benagen Wurzeln und Stengel, bis die Pflanze kümmerlich eingeht. Für die erfolgreiche Bekämpfung dieses Käfers gibt es sehr wirksame Präparate.

Weitere Schädlinge sind Drahtwürmer, Engerlinge, Erdraupen, Tausendfüßler, die wir sehr konsequent bekämpfen müssen, wenn unsere Pflanzen nicht allzusehr gefährdet werden sollen.

Aber es gibt noch eine Vielzahl von weiteren Störenfrieden, Eulenraupen, Springschwänze und die Maulwurfsgrille oder Werre. Sie gehört zu den Grillen, liebt warme, gleich-

mäßig feuchte Böden (wie im Steingarten!) und fressen die Wurzeln unserer Lieblinge ab. Die Gänge sind fingerdick. Welkende Pflanzen sind meist ein sicherer Beweis für die Anwesenheit dieser Schädlinge.
Ein weiterer Schädling ist die Schnecke, allen voran die Nacktschnecke. Wir bekämpfen diese Schnecken mit allen uns zur Verfügung stehenden Mitteln. Es empfiehlt sich auch, die Saattöpfe des öfteren zu überprüfen. Die Nacktschnecken sitzen oft am unteren Topfrand und warten darauf, bei eintretender Dunkelheit unsere zarten Sämlinge genüßlich aufzufressen. Auch unter Steinen, Wurzeln, Kisten, auf dem Komposthaufen finden wir sie.
In den Gängen des Maulwurfs kommt uns die Wühlmaus entgegen, unser ganz spezieller ›Freund‹. Den Maulwurf vertreiben wir mit großen Mottenkugeln, die wir in der Drogerie besorgen. Die Wühlmaus bekämpfen wir mit der Falle, mit Polythanol oder anderen bewährten Mitteln. Es ist ratsam, den Garten stets aufmerksam zu beobachten. Wenn wir plötzlich Erdwölbungen entdecken, müssen wir herausfinden, ob es sich dabei um den Unterschlupf einer Erdkröte handelt, die wir schonen, oder ob es sich hier um den Gang einer Wühlmaus handelt.
Bei aller Liebe zu den immer seltener werdenden Hasen muß gesagt werden, er sucht sich die besten Leckerbissen aus. Und dazu gehören viele Steingartenpflanzen, Sträucher und Koniferen. Also schützen wir uns vor ihm durch einen 1 m hohen, festen, engen Macohondraht. Auch die Feld- und Waldmaus, letztere mit ihren großen Augen, stellt uns vor die Entscheidung, entweder füttern wir sie oder wir tun alles, um unsere wertvollen Pflanzen zu schützen.
Leider gibt es noch mehr Schädlinge. Aber wir wollen nicht kapitulieren. In den Gartencentern finden wir eine riesige Auswahl von Abwehrmitteln, die uns helfen, unsere Pflanzenschätze weitestgehend zu schützen.

Schädliche Erdraupe und nützlicher Laufkäfer.

Schutz nützlicher Tiere

Die Begegnung mit Tieren schließt den Kreis und verdeutlicht Ihre Verantwortlichkeit allen gegenüber, die mit uns zusammenleben.
Mit jedem neuen Baum oder Strauch, den wir pflanzen, bereichern wir den Lebensraum für unsere bezaubernden kleinen Singvögel. Zu schön sind die Erlebnisse mit den vielen Meisen, Kleibern, dem Buntspecht, den Rotkehlchen und Finken, dem Gimpel, Zeisig, Kernbeißer im Sommer und Winter. Wie oft hüpft aber auch das Eichhörnchen von Baum zu Baum oder holt sich aus dem Futternapf die Erdnüsse heraus. Die Amsel bringt uns Freude durch ihren Gesang. Aber achten wir darauf, so manches schöne Polster finden wir herausgerissen aus der Erde. Im Frühling müssen wir gelbe Krokusse und Primel bis zum Morgen zudecken, damit die Blüten von den Amseln nicht abgeknickt werden.
Ein Garten ohne Igel, das darf es nicht geben. Wie schützen wir ihn, wenn wir andererseits soviel Schneckenkorn zur Schneckenvernichtung ausstreuen müssen? Eingehende Untersuchungen haben bewiesen, daß das Schneckenkorn dem Igel nicht schadet. Bekannterweise ist der Igel auf der Landstraße am meisten gefährdet. Eine Schale mit stark verdünnter Milch erfreut unsere Igelfamilie. Im Winter ergreift er die Möglichkeit zur Hausbesetzung, wenn wir ihm durch Laubhaufen die garantierte Winterwärme bieten. Auch Eidechsen sind allerliebste Gesellen. Gerne sonnen sie sich vor einem warmen Fels im Steingarten und können recht zutraulich werden.
Haben wir einen Teich im Garten, dauert es nicht lange, bis die ersten Gäste kommen. Und sie kommen gerne, die verschiedenen Kröten, Frösche, Molche und vielleicht auch Salamander. Besonders die Kröten und Molche sind unsere Freunde. Sie fressen viele Schädlinge, vor allem Schnecken. Am meisten freuen wir uns, wenn die Molche zur Paarung zu uns kommen, die Kröten tun es ohnehin. Am schönsten ist es im Frühling, wie überhaupt im ganzen Garten. Da werden Nester gebaut, die Vögel singen, überall gibt es etwas zu beobachten, über-

Die Kröte hilft uns im Kampf gegen Schnecken.

Die Gartenhummel bei ihrer Arbeit.

all gibt es etwas zu tun. Mit ernster Miene beobachten die Kinder die ersten ausgeschlüpften Kaulquappen, die Kröten und alles neue, keimende Leben. Der Garten ist wieder unsere Welt. Noch vor wenigen Wochen haben wir unsere kleinen Singvögel gefüttert. Jetzt helfen sie uns wieder, die Schädlinge im Garten, an Baum und Strauch zu vernichten. Die Nistkästen sind alle besetzt. Mit größtem Interesse beobachten wir den An- und Abflug der kleinen Meisen und Rotkehlchen. Für Kinder und Erwachsene beginnt der Garten wieder zum großen Erlebnis zu werden. Einst war er leer. Nun ist er voller Wunder. Ist es nicht schön, daß dies nur von uns selbst abhängt?

Naturschutz

Eigentlich ist es schade, daß wir alles mit Verboten belegen müssen. Viel schöner wäre es doch, die Vernunft stände bei allen unseren Überlegungen und unserem Tun am Anfang. Aber die Industrialisierung, die Überbevölkerung, die Vermarktung der Freizeitbeschäftigungen, die Anwendung von Herbiziden, die Entwässerung der Moore, der nicht endende Ausbau der Bergpisten, Bergbahnen und weitere unsinnige Dinge drängen die Natur immer mehr zurück. Auch auf höchsten Gipfeln in 3000 m begegnen wir schon regelrechten Abfallplätzen inmitten hochalpiner Stauden. Das alles stimmt uns sehr traurig, läßt uns an vielen großen Worten unserer Mitmenschen zweifeln. Gottlob gibt es aber noch viele wunderschöne Bergwiesen, Naturschutzgebiete, Bäche mit kristallklarem Wasser, in denen sich die Forellen tummeln. Und besonders bewegt es uns, alle Jahre wieder die Wunder der erwachenden, ungestörten Natur zu erleben. In unserem eigenen Garten soll der Frühling beginnen. Schon im Dezember blühen Winterheide und Christrosen. Im Februar zeigt der Winterling seine strahlend gelben Blüten. Dann läuten die Schneeglöckchen den Frühling ein, gefolgt von vielfarbigen Krokussen, Tulpen, Narzissen, den wunderschönen Küchenschellen und Hungerblümchen. In der freien Natur blühen schon die Leberblümchen. Der Seidelbast mit seinen rosalila Blüten schickt uns seinen fast betäubenden Duft entgegen. Vielleicht blüht dies alles schon in unserem eigenen Garten. Und draußen in der freien Natur erleben wir die ganze Pracht des beginnenden Frühlings mit den Wiesen voller Dichternarzissen, Enzianen, Schwefelanemonen, Glockenblumen, Margeriten und Nelken. Weithin leuchtet uns die Feuerlilie entgegen, und vor den Felswänden blüht der majestätische Türkenbund. Wunderschön sind die Blüten der Spinnweben-Hauswurz, und über einem Fels hat sich die Silberwurz mit ihren milchweißen Blüten ausgebreitet. Überall begegnen wir Veilchen und den schönsten Bergprimeln mit gelben, roten, rosaroten und violetten Blüten. All diese Schönheiten können auch in Ihrem neuen Steingarten blühen. Holen Sie sich diese Schönheiten in Ihren Garten, die Spezialgärtnereien oder sogar Sie selbst mit Liebe aus Samen herangezogen haben.

Denken Sie daran, es gibt kaum etwas Schöneres, als ein Sträußlein mit Alpenblumen aus dem eigenen Garten zu pflücken.

Epilobium angustifolium, Weidenröschen im Naturstandort. Gestaltungsbeispiel für ein Steingarten-Idyll.

Bezugsquellen

Stauden und Blumenzwiebeln, Laubgehölze und Koniferen halten Gartencenter und die einschlägigen Gärtnereien für Sie bereit.

Nachfolgend aufgeführte Gartenbaubetriebe haben sich u. a. auf die Anzucht und den Verkauf von Laub- und Nadelgehölzen sowie Steingartenpflanzen spezialisiert.

Georg Arends
Monschaustr. 76
42369 Wuppertal-Ronsdorf
Tel.: 0202/464610

G. D. Böhlje
Oldenburger Str. 9
26655 Westerstede
(Gehölze, Rhododendron)
Tel.: 04488/2203

Matthias Carl
Alpengarten Pforzheim
Auf dem Berg 6
75181 Pforzheim
Tel.: 07231/70590

Hans Götz
Schramberger Str. 65
77761 Schiltach
Tel.: 07836/93980

Heinrich Hagemann
Walsroder Str. 324
30855 Langenhagen
Tel.: 0511/737644

Helmut Härlen
Unter den Linden 100
21435 Stelle
Tel.: 04174/2221

Günter Horstmann
Rotenburgerstr.
29640 Schneverdingen
(Gehölze)
Tel. 05193/4468

J. D. zu Jeddeloh
Wischenstr. 7
26188 Jeddeloh I
(Zwerggehölze)
Tel.: 04405/91800

Kayser & Seibert
Postfach 1162
64373 Rossdorf b. Darmstadt
Tel.: 06154/9068

Heinz-Richard Klose
Rosenstr. 10
34253 Lohfelden b. Kassel
Tel.: 0561/515555

Max Schleipfer
Sedlweg 71
86356 Neusäss b. Augsburg
(Cyclamen etc.)
Tel. 0821/464450

Staudengärtnerei Schöllkopf
Postfach 7137
72735 Reutlingen
Tel.: 07121/54971

Sortiments- und Versuchsgärtnerei
Dr. Hans Simon
Staudenweg 2
97828 Marktheidenfeld
(Alpinenhauspfl., Gräser, Farne)
Tel.: 09391/3516

E. Sommer
Achenweg 10
83471 Berchtesgaden
(kein Versand)
Tel.: 08652/4233

F. Sündermann
Botanischer Alpengarten
Aeschacher Ufer 48
88131 Lindau
Tel.: 08382/5402

Dieter Stroh
Kreisstr. 245
66128 Saarbrücken
Tel.: 06898/32900

Willi Tangermann
Rauhe Wiese 17
31137 Nordstemmen
Tel.: 05069/576

Hartmut Theobold
88326 Aulendorf
Tel.: 07525/7616

Karl Wachter KG
Rollbarg, 25482 Appen-Etz
(Wasserpflanzen etc.)
Tel.: 04101/62511

Hochheimer Staudengarten
G. Müller
65239 Hochheim
Tel.: 06146/2466

Westermann
Baumschulenweg 2
29646 Bispingen
(Heidepflanzen, Zwerggehölze)
Tel.: 05194/2378

Staudengärtnerei
Gräfin v. Zeppelin
79295 Sulzburg-Laufen/Baden
(*Sempervivum*, Iris etc.)
Tel.: 07634/69716

Österreich

Feldweber
A-4974 Ort im Innkreis
Tel.: 0043/7751/320

G. Kern
Einödhofweg 20
St. Peter
A-8010 Graz
Tel.: 0043/316/461651

Wachauer Alpengarten
Gärtnerei Strohmeier
A-3392 Schönbühel/Donau
Tel.: 0043/2752/8573

Schweiz

J. Eschmann
CH-6032 Emmen
Tel.: 0041/41/2606473

M. Frey, Weinland-Stauden
Breite Str. 5
CH-8465 Wildensbuch
Tel.: 0041/52/3191230

Adressen von Liebhabergesellschaften, die auch Samentausch durchführen:

Alpine Garden Society
AGS Centre
Avon Bank, Pershore
Worcs WR10 3JP
Großbritannien

The Scottish Rock Garden Club
Miss K. M. Gibb
21 Merchiston Park
Edinburgh EH10 4PW
Großbritannien

Register

Blütenpracht für Ihren Garten

Martina Eva Richter
Steingärten
Verschiedene Steingarten-Typen, Anlage und Gestaltung von Steingärten in sonnigen und schattigen Lagen, Bepflanzungsbeispiele und Porträts der jeweils geeigneten Pflanzenarten, Wasser im Steingarten, Steingarten als Dachbegrünung, Ministeingärten in Schalen.

Martin Stangl
Stauden im Garten
Auswahl, Pflanzung, Pflege
Sonnen-, Schatten- und Prachtstauden, Gräser und Steingartenstauden: alle wichtigen Arten und Sorten mit Informationen zu Auswahl, Pflanzung und Pflege sowie Pflanzplänen und Arbeitskalender.

Siegfried Stein
Sommerblumen, Gartenstauden
Grundlagen der Gartengestaltung; Porträts von Sommerblumen und Stauden für Naturgärten, Bauerngärten, formal gestaltete Gärten, für Farben- und Duftgärten, für Terrassen, Steingärten und vieles mehr.

Tony Lord
Borders
Blumenbeete und Rabatten
Der Inbegriff anspruchsvoller Gartenkunst: großzügige Beete und Blumenrabatten mit gekonnt gestalteten Bepflanzungen und Pflanzenkombinationen – die schönsten Beispiele aus den berühmtesten Gärten Englands.

Dietrich Mierswa
Gewächshäuser
Planung und Bau von Gewächshäusern: Standort, Materialien, Bauformen, Nutzungsmöglichkeiten, technische Einrichtungen; Anbau von Gemüse, Kräutern, Nutz- und Zierpflanzen.

Wolfram Franke
Faszination Gartenteich
Teichanlage mit verschiedenen Materialien; ökologische Zusammenhänge, Bepflanzungsbeispiele und Pflanzenpflege; Tiere im und am Gartenteich; spezielle Elemente wie z. B. kleine Bäche und Springbrunnen; Gartenteich-Probleme.